C000130972

LE JARDINIER SOLITAIRE,

OU

DIALOGUES

Entre un Curieux & un Jardinier
Solitaire.

*Contenant la méthode de faire & de cul-
tiver un Jardin fruitier & potager;
& plusieurs expériences nouvelles.*

SECONDE EDITION,

Revûë, corrigée par l'Auteur, & augmentée de
plusieurs REFLEXIONS NOUVELLES
SUR LA CULTURE DES ARBRES.

A PARIS,

Chez RIGAUD, ruë de la Harpe, au dessus
de Saint Cosme. M. DCCV.

AVEC PRIVILEGE DU ROY.

PREFACE.

LA culture des jardins a esté considerée de tout temps comme le premier Art du monde ; rien ne fait plus de plaisir que de s'y occuper.

C'est ce plaisir que je souhaite à un curieux, qui s'étant débarrassé de la vie tumultueuse qu'on méne dans le monde, inspiré par des sentimens de Religion, a pris le parti de passer le reste de ses jours à sa maison de campagne, afin d'y goûter les

plaifirs innocents de la vie
champêtre ; & qui dans le
deffein d'y faire un beau jardin fruitier & potager , dé-
fire de s'en inftruire avec
moy.

C'eft dans ce deffein, que
je luy prefente un plan. Je
commence par faire le par-
tage du terrein ; je le diftri-
buë en allées d'une largeur
proportionnée à fon éten-
duë & bordées d'herbes a-
romatiques ; j'en employe
une autre partie pour des arbres en buiffon qui portent
les fruits les plus exquis ; un
autre pour les efpaliers de
Pefchers , & pour d'autres

arbres, dont je défigne ceux qui conviennent à chaque expofition du foleil.

Je parle des arbres à haute tige, & de la maniére de les bien planter felon la qualité du terrein.

J'employe enfin le refte de la terre à des quarrez d'une égale grandeur, dans lefquels je fais des planches d'une largeur égale pour y femer des légumes d'automne & d'hyver. Voila mon plan.

Et afin que la méthode avec laquelle je traite cette matiére foit moins ennuieu-fe, je me fers du dialogue qui plaît ordinairement au lecteur, & qui luy eft bien plus agréable que ces longs difcours, plus embarraffans qu'utiles à ceux qui veulent fçavoir la pratique.

Je tâche d'éviter la longueur dans les demandes & dans les réponfes. J'explique le plus nettement que je puis, ce que j'ay à répondre au curieux, j'efpére qu'il luy fera aifé de fe rendre habile Jardinier, quand il aura lû cet Ouvrage avec attention.

Je le divife en deux parties: Dans la premiére, j'explique methodiquement la maniére de faire un jardin fruitier & potager.

Dans la feconde, je don-
la méthode de cultiver ce
jardin, afin d'en retirer tout
ce qui eft néceffaire pour la
provifion d'une maifon.

La premiére chofe que je
fais dans la premiére partie,
c'eft d'expliquer les qualitez
des bonnes terres, & de celles qui ne font nullement
propres à faire un jardin.

J'ajoûte que ce n'eft pas
affez, & qu'il faut que la
terre foit bien préparée : cette préparation confifte à la
faire foüiller de trois pieds
de profondeur; je donne la
méthode de faire cette foüille, & j'en apporte la raifon.

La terre étant ainſi préparée, je traite de la diſtribution du terrein, que je ſuppoſe de quatre arpens : cette diſtribution ſe trouvera ſi juſte, que j'eſpére qu'on n'y verra aucune place inutile.

Comme rien n'eſt plus avantageux à un jardin, que d'avoir les quatre expoſitions du ſoleil ; j'explique les effets du ſoleil en genéral, & de chaque expoſition en particulier. C'eſt là, que je fais mention des qualitez de fruits qui y conviennent le mieux.

Je traite enſuite des acci-

dens aufquels chaque expofition eft fujette.

Je donne la méthode de
faire deux fortes de treillages : fçavoir, l'un d'échalas,
& l'autre de fil de fer.

Je fais mention de tous
les fruits, tant à pepin qu'à
noyau, les plus curieux &
les plus exquis ; j'explique les
qualitez de chacun en particulier pour apprendre à les
bien connoiftre, & je parle du temps de leur maturité, qui eft une chofe tres-
utile à fçavoir.

Aprés avoir donné une
connoiffance affez étenduë
des meilleurs fruits ; je viens

à la Méthode de difpofer les
efpaliers de pefchers, en forte qu'ils ne foient point dé-
garnis de fruits pendant toute leur faifon, & cela par
la connoiffance que j'ay du
temps de leur maturité.

Pour y bien réüffir, je
confeille de ne point acheter
d'arbres que chez des perfonnes dont la réputation
foit fi bien établie, qu'on
foit feur de leur fidelité à
donner les efpéces qu'on leur
demande: car rien ne feroit
plus défagréable à un curieux
qui a un beau plant à faire,
que de fe voir un jour fruf-
tré des efpéces qu'il defiroit

prendre que cet homme ne les avoit pas achettez de luy ; car le Frere Chartreux l'affura qu'il ne luy en avoit pas vendu. Cet éclairciffement fut caufe que le Maître du Jardinier fut averti de cette infidelité. Mais ce n'eft pas la feule, en voicy une autre de même nature.

Une Dame ayant befoin de quelques Pefchers, & n'ayant aucune connoiffance aux Chartreux, pria le Jardinier de M.... de luy vouloir faire le plaifir d'aller chez eux achetter une douzaine de Pefchers, & luy donna neuf livres pour les payer. Cet infidele Commiffionaire, au lieu d'y aller, fut en acheter à Vitry à huit fols le pied, & les apporta à la Dame ; en luy affurant, que le Frere Chartreux les avoit choifis luy-même. Sa mauvaife foy fut bientôt découverte ; car il arriva, quatre ou cinq jours aprés, que le frere de cette Dame eut commiſſion de la part d'un de ſes amis de la campagne de luy acheter deux douzaines de Peſchers chez les P P. Chartreux. Cet honnête homme y fut ; il pria le Frere qui les vend, de vouloir bien les luy donner, ajoûtant, qu'il en avoit vendu depuis quatre au cinq jours à Madame ſa ſœur, & que c'étoit le Jardinier de M....qui les étoit venu acheter. Le Frere Chartreux aſſura qu'il n'avoit point vendu ces arbres à ce Jardinier, & le frere de cette Dame fut fort ſurpris de ſa réponſe. Vous remarquerez s'il vous plaît, que l'action étoit d'autant plus blâmable, que ce Jardinier avoit obligation au Frere Chartreux,

tomne. En voicy deux raisons.

La prémiére est, que la séve de cet arbre commençant à être en mouvement au mois de Mars, il est certain que la coupe de cette tige retarderoit la pousse du Printemps.

La seconde est, que l'arbre ayant été planté en Automne, les racines sont liées avec la terre au mois de Mars, ainsi il est comme impossible qu'en coupant la tige de cet arbre, les racines ne soient ébranlées; d'où il arrive souvent que quoique vous ayez planté un arbre bien conditionné, il ne pousse au Printemps que des branches foibles & languissantes. Pour éviter donc cet inconvenient, je vous conseille de mette en pratique ma premiere observation, étant celle qui est la plus sûre.

Premiere raison qui fait connoitre qu'il ne faut point differer au mois de Mars à couper la tige d'un arbre qui a été planté en Automne.

Seconde raison qui prouve qu'on risque de faire perir un arbre en luy coupant la tige au mois de Mars.

Ce qu'il faut faire en plantant un arbre afin de le garentir de la gélée d'Hyver.

Et afin de garentir l'arbre de la gelée d'hyver, il suffit de mettre deſſus la coupe de la tige de l'arbre en le plantant un maſtic fait exprés pour cet uſage, ou bien de la cire molle.

Maniere de faire le maſtic.

Ce maſtic doit être compoſé d'une livre de réſine, de quatre onces de cire jaune, de quatre onces de poix noire, d'une once & demie de ſuif de mouton. Il faut faire fondre le tout enſemble, & quand on voudra s'en ſervir, il faudra le faire chauffer un peu, & avec une broſſe en mettre ſur la taille de l'arbre.

Le Curieux.

Les deux remarques que vous faites, l'une de ne point labourer les arbres plantez dans l'année; & l'autre de ne point attendre

avoir; & je fuis perfuadé qu'il voudroit alors avoir payé les arbres à beaucoup plus haut prix & n'avoir pas été trompé ; c'eft ce que plufieurs perfonnes m'ont témoigné en pareilles occafions.

Quoiqu'on ait des arbres bien conditionnez ; s'ils ne font pas bien plantez, ils ne réüffiront pas. C'eft pourquoy je traite la maniére de bien planter les arbres en buiffon, en efpalier, & en plein vent : ma méthode confifte en fept obfervations pour les arbres en buiffon, en cinq pour les arbres en efpalier, & en cinq autres

pour les arbres à haute tige.
Je dis qu'il faut mettre du
fumier au pied des arbres
fur la fuperficiè de la terre,
j'en apporte la raifon. Si l'on
met toutes ces obfervations
en pratique, chaque arbre
portera du fruit au bout de
trois ou quatre années.

Je continuë de donner
la méthode de bien cultiver
les arbres pendant la premiére année qu'ils feront
plantez.

J'explique comment il faut
planter les ceps de raifin,
& de verjus : je marque la
qualité du fumier qu'on doit
employer pour cet ufage,

afin d'avoir du fruit en peu de temps.

Je fais voir comment il faut dreſſer les planches dans les quarrez, afin d'y ſemer les graines potagéres ; & pour apprendre à connoiſ-tre ces graines, j'en donne la Liſte.

Je parle de la maniére de faire des couches, & je mar-que l'expoſition du ſoleil où elles doivent eſtre faites, pour y ſemer des nouveau-tez.

Je finis ma premiére par-tie, en donnant la méthode de faire des couches de cham-pignons à peu de frais.

Dans la seconde partie, je réponds aux demandes du Curieux sur la maniére de cultiver un jardin fruitier & potager.

J'explique les temps ausquels on doit faire les differens labours pendant le cours de l'année : cette observation est absolument nécessaire, & je dis la raison pourquoy.

Je donne un traité de la Taille des arbres, j'en prouve la nécessité. Je marque les temps différents où elle se fait, & les raisons pourquoy ; j'y ajoûte en peu de mots des observations nécessaires.

J'explique les principes de la taille, fans lefquels on ne peut jamais bien tailler un arbre.

Je marque qu'il ne faut point avoir égard au cours de la lune pour la taille des arbres, pour greffer, ni pour femer les graines potagéres ; j'en ay fait l'expérience qui eft conforme au fentiment de Mr de la Quintinie.

Je donne les moyens de faire porter du fruit aux vieux arbres qui ne pouffent qu'en bois, & point en fruit ; je confirme mes expériences par le fentiment de Mr de la Quintinie.

Je donne la Méthode de tailler les Peschers en espalier, je la fais consister en six observations, & en d'autres avis qui ne seront peut-estre pas inutiles.

Je continuë à parler de la seconde taille des Peschers; je dis qu'il faut faire cinq choses pour y réüssir.

J'explique la maniére de pincer les Peschers, les Abricotiers, les Poiriers; le temps auquel on doit faire cette opération, & le bon effet qu'elle produit. Je parle aussi en cet endroit de l'ébourgeonnement des arbres.

Je fais mention de la maniére dont il faut gouverner les fruits fur les arbres, afin qu'ils ayent un bon goût & un beau coloris.

Je traite de la maturité des fruits de chaque faifon, & de la maniére de les cueillir pour les bien conferver dans la ferre : je donne le moyen de rendre les Pefches, les Prunes, & les Figues délicieufes aprés eftre cueillies auffi-bien que les Abricots.

Je fais cinq obfervations pour bien tailler la vigne ; je marque le temps auquel cette taille fe doit faire, & je donne des éclairciffemens fur quelques difficultez qui se rencontrent à cette taille.

Je traite l'art de cultiver les Figuiers, les différentes façons d'en faire des Marcottes; comment il les faut élever, & les conserver en buisson, en espalier, & en caisse.

Je donne la méthode de bien greffer en écusson, en fente & en couronne, & je fais des observations qui pourront estre utiles dans la pratique.

Je rapporte la maniére de transplanter les arbres sans motte, avec toutes leurs branches & leurs racines ; tant ceux à haute tige, que les nains; & en suivant ma méthode, ils donnent du fruit dés la premiére année, s'ils ont des boutons à fruit. J'ay fait plusieurs observations à mettre en pratique pour y réüssir. Je parle encore de la maniére de transplanter les ceps de raisin, & de verjus, aussi-bien que les ormes.

Je traite des différentes maladies des arbres, & des remédes pour les en garentir.

Je marque enfin le travail que doit faire un Jardinier pendant chaque mois de l'année.

J'ay mis à la marge un sommaire de ce qui est traité

plus au long dans chaque page.

Voilà en peu de mots ce qui eſt contenu dans cet Ouvrage, dont on trouvera la Table des Chapitres à la fin du volume.

J'ajoute dans cette ſeconde édition, des *Réflexions nouvelles ſur la culture des arbres*, & j'ay lieu d'eſpérer par rapport au ſuccés qu'a eu la première édition, que cette ſeconde ayant été revûë, corrigée, & augmentée aſſez conſiderablement, elle pourra eſtre d'une plus grande utilité au public.

LE

LE
JARDINIER
SOLITAIRE,
OU
DIALOGUES

Entre un curieux & un Jardinier solitaire, pour faire, & cultiver methodiquement un Jardin Fruitier & Potager : où l'on découvre des experiences nouvelles.

PREMIERE PARTIE.

LE CURIEUX.

VOus sçavez le parti que j'ay pris d'avoir une maison de campagne, pour y passer

le reſte de mes jours, & y goûter les douceurs de la vie cham-
peſtre. Pour cet effet je ſerois
ravi de m'inſtruire avec vous de
tout ce qu'il convient de ſçavoir, pour faire un jardin potager, & pour cultiver les arbres
fruitiers. Je ſçay que l'applica-
tion que vous y avez apportée
depuis pluſieurs années dans vôtre agreable ſolitude, vous a
donné lieu de faire pluſieurs expériences dans cette innocen-
te occupation. J'eſpere que
vous voudrez bien m'en faire
part, afin que je puiſſe mettre
en pratique ce que vous m'en direz.

Le Jardinier Solit.

Je le feray avec plaiſir, & je
commenceray par vous expliquer les qualitez d'une bonne

terre ; c'eſt la premiere choſe à
ſçavoir.

CHAPITRE PREMIER.

Des qualitez d'une bonne terre.

LE JARDINIER SOLIT.

LEs Auteurs qui ont traitté
des qualitez d'une bonne
terre, conviennent de ce que
l'experience m'a confirmé. Ils
veulent qu'elle ſoit noirâ re, ſablonneuſe, graſſe, meuble, je
veux dire, facile à labourer ; qu'-
elle ne ſoit ni froide, ni legé e ;
qu'elle n'ait point de mauvaiſe
odeur, ni de mauvais gouſt, &
qu'elle ait trois pieds de profondeur de la meſme qualité.

LE CURIEUX.

Pourquoy trois pieds de pro-

A ij

fondeur ? deux pieds ne suffi-
roient-ils pas?

LE JARDINIER SOLIT.

Non, il est d'une necessité ab-
soluë, que cette terre ait trois
pieds de profondeur, afin que
les arbres, & les legumes d'hyver
profitent : & faute de cette profondeur, les arbres ne feroient
que languir au bout de six années aprés y estre plantez, suivant l'experience que j'en ay.

Ces legumes d'hyver font les Arti-chaux & les Racines.

LE CURIEUX.

Vous dites qu'il faut que cette terre n'ait point de méchant
goust, ni de mauvaise odeur;
quelle est donc la maniere de le
connoistre?

LE JARDINIER SOLIT.

On prendra une poignée ou

deux de cette terre, on la mettra tremper dans de l'eau sept ou
huit heures au moins ; & aprés
l'avoir passée dans un linge, l'on
goustera de cette eau, & l'on en
sentira bien la mauvaise odeur,
& le méchant goust.

Methode pour éprou- ver si une ter- re n'a point de mauvai- se qualité.

LE CURIEUX.

Il s'ensuivroit donc selon vôtre sentiment, que si cette terre
avoit un méchant goust, ou une
mauvaise odeur, les fruits & les
légumes participeroient à ces
mesmes qualitez.

LE JARDINIER SOLIT.

Il n'en faut point douter : l'é-
xemple que nous avons du vin
de Ruel proche de Paris, & qui
prend le goust du terroir, en est
une preuve convaincante ; il en
seroit de mesme des fruits & des

Les fruits & les légumes qui viennent dans une ter- re qui a une mauvaife qualité , ne font pas eftimez.

légumes , ils n'auroient pas la mefme bonté que ceux qui viennent dans une bonne terre.

Le Curieux.

Ce que vous venez de me dire me paroift d'autant plus digne de remarque, qu'il y a des gens qui ne s'avifent point d'y faire attention ; & il arrive fouvent qu'ils ont de tres - méchants fruits, quoi-que d'une bonne efpece, fans en fçavoir la caufe.

Le Jardinier Solit.

Suite du mefme fujet qui confirme ce qui a efté dit.

Ce que vous dites eft tres-veritable ; je fçay des perfonnes qui m'ont dit, par exemple, que la poire Colmart n'eftoit point bonne dans leur jardin, cependant c'eft la meilleure poire qui fe mange en Janvier & Février.

Si ces Meſſieurs avoient exami-
né leur terre avant que d'y faire
leur jardin, ils ne ſeroient pas
dans la peine où ils ſe trouvent,
d'avoir des fruits de mauvais
gouſt, quoi-que d'ailleurs ils
ſoient d'eſpece tres-excellente.

LE CURIEUX.

Je profiteray de vos bons avis,
pour ne pas tomber dans cet inconvenient, & je feray dans peu
vôtre épreuve ; car je ſuis ſur le
point d'acheter une maiſon, où
il y a une piece de terre de quatre arpents, dont je veux faire
mon jardin.

LE JARDINIER SOLIT.

J'ay encore un avis à vous *C'eſt un*
donner, qui n'eſt pas moins im- *grand avan-*
portant que celuy-là. C'eſt qu'il *tage à un jardin d'a-*
faut que cette terre ait les qua- *voir les qua-*

tre expofi-
tions du fo-
leil.

tre expofitions du foleil, cela eſt eſſentiel pour nourrir les fruits, & leur donner le gouſt felon leurs qualitez, auſſi-bien qu'aux légumes.

LE CURIEUX.

Je vous avoüe que je ne pen-fois pas à cette obfervation, el-le eſt digne d'eſtre remarquée. Mais fi la terre dont on m'a par-lé, n'avoit pas les qualitez que vous me venez d'expliquer; quelles autres qualitez faudroit-il qu'elle euſt pour fuppléer à leur défaut?

LE JARDINIER SOLIT.

Autre bon-
ne qualité
de terre.

Pour lors je vous conſeillerois de vous arreſter aux terres for-tes & franches, qui font rou-geaſtres, qui fe manient aifé-ment, qui fe labourent avec fa-

cilité, & qui ne font ni froides ni
chaudes ; une telle qualité de
terre ayant trois pieds de profondeur, pourroit eftre propre à l'u-
fage que vous en voulez faire.

Le Curieux.

Cette terre me paroiftroit bonne ; mais dites-moy je vous prie,
n'y en auroit-il point encore d'u-
ne autre forte ?

Le Jardinier Solit.

Oüy, mais comme vous m'a-
vez témoigné qu'il vous eft in-
different en quel lieu vous ayez
une maifon & un jardin, pour-
veu que vous y rencontriez un
bon terrein je vous confeille de
vous arrefter à l'un de ces deux,
dont je vous ay dit les qualitez :
vous vous en trouverez toûjours
bien. Car pour ces terres qui

A v

Qualité de terre qui n'est pas a-vantageuse pour y avoir un jardin.

font tardives, comme elles ont peine à s'échauffer au prin-temps, & que par confequent les femences n'y peuvent pas don-ner leur premiere production ; elles ne conviennent pas à un curieux ; elles font neanmoins mieux que ces terres légéres qui n'ont point de corps. Pour celles

Qualité d'une mé-chante terre.

qui font caftes ou argileufes, lourdes, humides & froides, el-les ne font nullement propres au jardinage ; les arbres n'y pro-fitent point, non-plus que les le-gumes.

LE CURIEUX.

Je vous fuis obligé de m'avoir fi bien fait connoiftre la differen-ce d'une bonne terre d'avec une mauvaife. Je pars demain pour aller voir une maifon ; l'on me fait efperer que j'y trouveray un bon terrein.

LE JARDINIER SOLITr.

Je souhaite que vous fassiez une bonne acquisition pour vôtre satisfaction.

CHAPITRE II.

Du temps de foüiller la terre, & de la maniere de le faire.

LE CURIEUX.

JE viens vous rendre compte de l'acquisition que j'ay faite, j'ay profité de vos bons avis, & j'ay eu l'avantage de trouver quatre arpents de terre, qui ont toutes les qualitez que vous defirez qu'elle ait; j'en ay fait l'é-preuve: & comme cette acqui-fition se trouve heureusement jointe à une maison, dites-moy de grace comment il faut que je faſſe pour y dreſſer mon jardin, & pour y planter des arbres.

LE JARDINIER SOLIT.

Il faut d'abord faire foüiller la terre ; l'on commence cet ouvrage en Automne. La fɛüille doit eſtre de trois pieds de profondeur, en ſorte que le deſſus ſoit mis dans le fond, & le fond ſoit mis deſſus, ſans aucun mélange du fond avec le deſſus.

Methode pour foüiller utilement une terre de trois pieds de profondeur.

Pour y bien reüſſir, il faut commencer par faire meſurer quatre toiſes de terre ſur la largeur de la piece, ſur quatre pieds de longueur du terrein, (trois hommes peuvent y travailler aiſement) ; faire oſter toute la terre a trois pieds de profondeur de ce qu'on a fait meſurer, & la mettre à côté de cette tranchée, avec la précaution de mettre le deſſus à côté.

Cette tranchée étant vuide, il faut faire mesurer la mesme quantité de terre ; faire mettre le dessus dans le fond de la tranchée qui est vuide, & continuer de jetter cette terre dans ladite tranchée jusques à trois pieds de profondeur, ce qui fera la mesme quantité de terre que l'on aura ostée de la premiere tranchée : ainsi elle se trouvera remplie par cette foüille ; aprés quoy il faudra observer la mesme methode de mesurer la largeur & la longueur marquée cy-dessus jusques au bout de ladite piece, qui se trouvera vuide d'une tranchée.

LE CURIEUX.

Je comprens bien ce que vous venez de me dire, mais ne faudra-t-il point faire porter la ter-

re qui eſt ſortie de la premiere
tranchée, pour remplir cette
derniere.

LE JARDINIER SOLIT.

Non, il vous en coûteroit trop,
les gens de journée ne deman-
deroient pas mieux; mais voicy
ce qu'il faut faire pour épargner
voſtre bourſe.

Il faudra commencer atte-
nant de cette tranchée déja vuide, à faire une pareille ouverture de quatre pieds de long, &
de quatre toiſes de largeur, &
toûjours de trois pieds de profondeur; & au lieu de jetter la
terre à coſté, comme on a fait à
l'ouverture de la premiere tranchée, on la jettera dans la tranchée vuide qu'il faut remplir,
laquelle ſera par ce moyen com-
blée par cette foüille.

Continuant ce travail de la
maniere que j'ay dit, on trouvera au bout de cette seconde piece une tranchée vuide, que l'on
remplira de la terre qu'on avoit
mise à costé de l'ouverture de
la premiere piece. Je vous conseille de suivre cette methode
jusques au bout de vos quatre
arpens, afin que voftre terre soit
bien foüillée.

LE CURIEUX.

Je fais refléxion sur ce que
vous venez de me dire, & je trouve que vous m'expofez à faire
une grosse dépense. S'il ne falloit
foüiller la terre de trois pieds de
profondeur qu'aux endroits des-
tinez pour y planter des arbres,
je vous avoüe que cela me paroiftroit abfolument néceffaire :
mais pour les quarrez deftinez à

y mettre des legumes, je croirois
qu'il n'en seroit pas besoin ; &
encore moins pour les allées qui
ne sont que pour l'usage de la
promenade.

LE JARDINIER SOLIT.

Raison pour quoy l'on doit foüiller la terre de trois pieds de profondeur.

Quand je vous ay dit de faire foüiller toute vostre terre de
trois pieds de profondeur, je ne
l'ay pas dit sans connoissance
de cause. Car cette terre estant
foüillée de cette profondeur, elle
est un temps à s'affaisser avant
que ses parties s'unissent les unes
aux autres ; cela fait qu'il demeure quelques concavitez où
l'air entre, ce qui cause des humiditez:& le soleil qui est le pe-
re de la génération, pénétre aisément jusques au fond : ainsi la
chaleur de cet astre se joignant à
l'humidité de l'air, perfectionne

la terre en la rendant plus meuble, & forme une quantité de bonnes racines aux arbres, qui les rendent vigoureux, & qui les font pouſſer en perfection.

Pour ce qui regarde les légumes d'hyver, il faut de néceſſité que voſtre terre ait eu la meſme foüille de trois pieds de profondeur, ſi vous voulez qu'elles profitent. Je ſçay bien que pour les légumes que nous nommons verdures, comme ſalades & autres, elles pourroient venir ſans difficulté dans une terre qui n'auroit pas cette foüille ; mais pour les racines & les artichaux qui pivottent, ce ne ſeroit pas de même : ils ne profiteroient point. Si vous ſuivez cette methode, le profit que vous en retirerez dans la ſuite des temps vous dédommagera au double de la dépenſe, que vous aurez faite.

Suite du même ſujet pour les légumes d'hyver.

LE CURIEUX.

Je conçois presentement la necessité de faire foüiller de trois
pieds de profondeur, non seulement pour les arbres, mais aussi
pour les légumes d'hyver; je conviens qu'elles pivottent, & qu'il
leur faut de la profondeur ; mais
je ne puis pas m'imaginer à quoy
cette foüille de trois pieds peut
être utile aux endroits ou l'on fera les allées du Jardin.

LE JARDINIER SOLIT.

Afin de vous satisfaire je vous
en apporteray deux raisons.

Raison pour-
quoy l'on
fait la même
foüille de
trois pieds de
profondeur
par tout.
La premiere, est que toute
la terre de vôtre Jardin doit être
d'une égale hauteur. Or sans ce
travail il se trouveroit que les allées feroient bien plus basses que
les quarrez de vôtre terre ; cet-

te foüille de trois pieds de profondeur hauſſe les dits quarrez de plus de ſix pouces, vos allées n'étant pas foüillées ſeroient par conſequent plus baſſes de ſix pouces que vos quarrez, cela feroit un tres-mauvais effet ; de plus les eaux des pluyes qui tomberoient dans vos allées ne pourroient s'égouter, parce qu'elles ne trouveroient pas de pente dans leurs deux côtez. Vos allées feroient donc long-temps impraticables & cela feroit tres incommode.

La ſeconde raiſon eſt que cette foüille des allées vous fera un jour utile, lors, par exemple, que vous aurez beſoin de changer de terre, car il arrivera que quand à la place de quelques vieux arbres, vous en voudrez mettre d'autres de la même eſpece, la

Seconde raiſon qui fait connoiſtre l'util té qu'on peut tirer des allées foüillées de trois pieds de profondeur.

terre de ce vieux arbre fe trouvera ufée, & le remede à cela ;
fera de prendre la bonne terre
de vos allées fans en aller chercher ailleurs, & de faire mettre
cette terre ufée à la place de celle que vous aurez fait ôter de vos
allées; fans cette précaution vous
feriez obligé d'en acheter, ce qui
vous cauferoit une dépenfe confiderable.

LE CURIEUX.

Aprés de fi folides raifons, je
fuis refolu de faire la dépenfe neceffaire pour faire foüiller mes
quatre arpents de terre de trois
pieds de profondeur par tout ;
mais enfuite que faudra-t-il que
je faffe ?

LE JARDINIER SOLIT.

Il faut dref-
fer au ni-
veau une
terre foüil-
léz.

Toute la terre des quatre ar-

pents deftinée pour faire vôtre
Jardin étant foüillée, on la dref-
fera au niveau felon fa pente, ce
qui fe fait avec la regle ordinaire.

Le Curieux.

Il n'eft pas befoin que je vous
en demande la methode, il y a
long temps que j'ay un homme
qui fçait niveler, & dreffer des
terres : ainfi pofons le cas qu'elle
foit toute dreffée, que refte-t-il
à faire.

Le Jardinier Solit.

Il en faut faire la diftribution,
mais pour la faire jufte, je feray
faire un deffein qui vous agréera.

Le Curieux.

Vous me ferez plaifir, car je
fuis perfuadé que vous y don-
nerez tout l'agrément que de-

mande un Potager ; il ſuffit que
vous vouliez bien vous en charger pour qu'il ſoit approuvé.

CHAPITRE III.

Diſtribution d'une terre de quatre
arpents qui a été fouïllée de
trois pieds de profonaeur, &
qui contient ſoixante & treize
toiſes de long, & quarante-huit
toiſes de large.

LE JARDINIER SOLT.

L A diſtribution d'une terre
de quatre arpents pour un
Jardin fruitier & potager, dont
je vous donne icy la figure eſt la
plus eſtimée ; elle paſſe pour la
plus agreable, tant pour les arbres fruitiers, que pour les légumes.

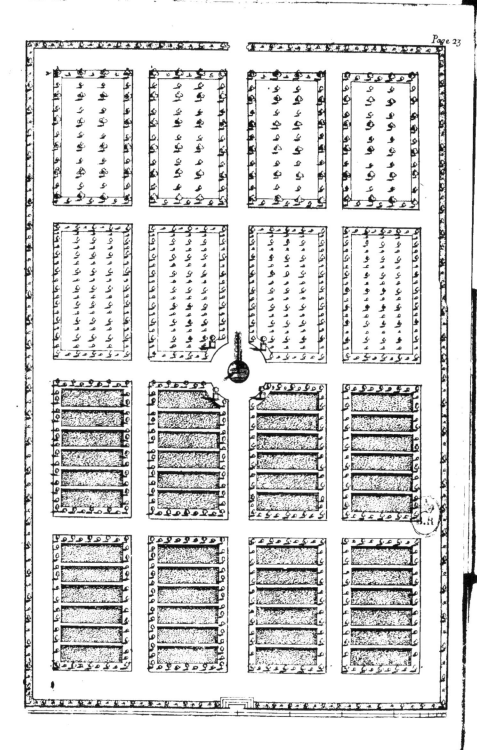

ge 23

LE CURIEÛX.

En quoy faites vous conſiſter cét agrément ?

LE JARDINIER SOLIT.

Vous le voyez dans le deſſein que je vous preſente ; c'eſt d'ê- tre plus long que large, d'avoir les allées d'une bonne largeur, acompagnées de plattes-bandes de trois pieds de chaque côté, qui ſoient bordées de differentes herbes aromatiques.

Un Jardin doit être plus long que large.

LE CURIEUX.

Plus je conſidere vôtre deſ- ſein, plus il me plaît : mais j'ay beſoin que vous m'expliquiez les differentes largeurs que vous donnez aux allées.

LE JARDINIER SOLIT.

La premiere allée attenant la Maiſon en entrant au Jardin aura plus de largeur que toutes les autres allées, à cauſe de la bonne grace qu'elle doit avoir préferablement aux autres; on luy donne vingt pieds de large.

Suite du méme ſujet.

L'allée du milieu du terrein qui eſt à la face de la Maiſon aura quinze pieds de large, & ſoixante & treize toiſes de long. Vous voyez encore deux allées de longueur dans le deſſein, l'une à droite, & l'autre à gauche, celles-là n'auront chacune que douze pieds de large.

Les plattes bandes ne doivent point eſtre compriſes dans la largeur des allées.

Les trois allées qui ſont autour des murs auront la même largeur que celle du milieu, à ſçavoir quinze pieds de large; cette largeur ſera commode

pour

pour la promenade, & pour conſiderer les arbres qui ſont en eſpalier.

LE CURIEUX.

Continuez je vous prie,à m'expliquer ce plan pour les allées de traverſe.

LE JARDINIER SOLIT.

Ces allées étant marquées, l'on diviſera le terrein comme vous le voyez dans ce deſſein pour les trois allées de traverſe. Pour celle du milieu on luy donne quinze pieds de large, à cauſe de la ſituation du baſſin qui doit être mis au milieu du Jardin, ainſi qu'il eſt repreſenté dans ce deſſein, pour y recevoir l'eau qui eſt l'ame d'un Jardin par les arroſemens qu'on luy donne. Les deux autres allées de traverſe

Suite du même ſujet pour la diſtribution des allées de traverſe.

B

n'auront que douze pieds de large. Il est à remarquer que toutes
les platte-bandes qui accompa-
gnent les allées, ne sont point
comprises dans la largeur.

LE CURIEUX.

Aprés la distribution de la terre
marquée pour les allées, je vois
plusieurs quarrez qui sont repré-
sentez dans ce dessein, quelle
étenduë donnez-vous à chacun ?

LE JARDINIER SOLIT.

*Suite du mê-
me sujet
pour la dis-
tribution des
quarrez.*

Chaque quarré aura quinze
toises, & quatre pieds de longueur, & neuf toises & quatre
pieds de largeur. Cet espace est
suffisant pour semer des graines,
& pour planter des arbres fruitiers: les platte-bandes qui seront
autour des quarrez doivent avoir
six pieds de largeur, & les arbres

fruitiers doivent être plantez di-
rectement au milieu.

LE CURIEUX.

Dans l'explication que vous
venez de me faire du dessein, j'ay
remarqué que vous avez dit
que l'eau étoit l'ame du Jardin
par les arrosemens qu'il en reçoit. Je voudrois bien sçavoir
comment les plantes en reçoivent le secours qui leur est necessaire pour leur production.

LE JARDINIER SOLIT.

La chose est facile à comprendre, si vous supposez avec tout le
monde que la chaleur & l'humidité sont les deux principes qui
donnent la vie végétative aux
plantes ; & si vous me demandez
la raison de cela, je vous répondray qu'il y a un sel dans la terre

Ce qui don-
ne la vie vé-
gétative aux
plantes.

B ij

qui l'anime & la fait agir. Ce sel
ne peut agir luy-même s'il n'est
dissous ; car tant qu'il est fortement attaché à la terre, & qu'il ne
fait qu'une masse comprimée a-
vec elle, il est incapable de l'action
necessaire pour une nouvelle production. Or par le moyen des arrosemens ce sel se dissout & se
mélange avec toutes les parties
de la terre. Ces parties ainsi animées par ce sel se distribüent ensuite & se communiquent aux
racines des plantes qui y cher-
chent leur nourriture. Si la chaleur vient à s'y joindre, elle cuit
cette nourriture & la change en
la substance de la plante. C'est
ainsi que ces arrosemens joints
avec la chaleur donnent & conservent la vie végétative aux
plantes.

LE CURIEUX.

Je suis convaincu par vôtre explication de la necessité des arrosémens.

Je voudrois sçavoir à present ce que vous pensez sur les differents aspects du Soleil.

CHAPITRE IV.

Des aspects differents du Soleil, & de ses effets.

LE JARDINIER SOLIT.

LE Soleil par sa chaleur dissi-pe le froid & l'humeur gros-siere de la terre, il la rend plus subtile & plus douce pour la vé-gétation des semences & des ar-bres fruitiers. En effet c'est par la chaleur de ce bel astre, que la séve des arbres monte entre le

Eff ts du Soleil en ge-neral.

B iij

bois & l'écorce ; qu'elle y forme des boutons, des feüilles, & des fruits ; c'est enfin par le secours de ses rayons qu'elle a la vertu non seulement de faire meurir les fruits ; mais aussi de leur donner la grosseur, la bonté, & le coloris.

LE CURIEUX.

La description que vous venez de faire des effets du Soleil en general me paroît tres juste. Mais comme tout le monde convient que ces aspects sont differents, & que les uns sont plus avantageux que les autres ; je voudrois sçavoir sur chaque exposition en particulier, le fruit qui y conviendroit le mieux.

Les avantages qu'on peut esperer
de chaque exposition du
Soleil en particulier.

LE JARDINIER SOLIT.

L'Exposition du Soleil levant *Exposition*
commence le matin selon les *du Soleil le-*
differentes saisons jusqu'à une *vant.*
heure aprés midy ; elle est la
plus avantageuse pour y faire un
espalier de Peschers, dont le
fruit doit être preferé à tout
autre, à cause de sa bonté.

LE CURIEUX.

Toutes sortes d'especes de
pesches peuvent-elles meurir à
cette exposition ?

LE JARDINIER SOLIT.

Oüy, car cette exposition est
plus hâtive, elle rend les pesches
plus grosses, plus en couleur, &

d'un goût plus relevé ; c'est pourquoy toutes sortes de pesches y réüssissent en perfection.

De l'Exposition du midy.

LE CURIEUX.

JE vous demande à present le fruit qui convient le mieux à l'exposition du midy.

LE JARDINIER SOLIT.

L'exposition du midy commence depuis neuf heures du matin, jusqu'à quatre heures du soir.

Sentiment des Auteurs, qui ne veulent point qu'on mette des peschers à l'exposition du Soleil du midy, & la raison

Il y a des Auteurs qui ont traitté de cette matiere, & qui disent qu'elle n'est pas si favorable dans un terrein chaud pour y planter des Peschers ; la raison qu'ils en apportent est que le fruit n'a pas le temps de meu-

rir, ni de prendre la grosseur na-
turelle qu'il doit avoir, étant sujet (disent-ils) à jercer & à tomber. Ils concluient de là qu'à telle exposition l'on ne doit mettre
que des muscats, chasselas & figuiers.

qu'ils en ap-portent.

LE CURIEUX.

Comme vous vous occupez à
faire des experiences, n'avez-
vous jamais fait planter des Peschers, & des poiriers à l'exposition du midy pour voir l'effet
que cela feroit dans les terres légéres & chaudes.

LE JARDINIER SOLLT.

J'ay fait l'experience sur un
espalier de peschers exposé au
Soleil du midy. Il donne des
pesches dont la grosseur & la
bonté sont admirables, & ce-

Peschers & Poiriers réüs-sissent par-faitement bien à l'ex-position du Soleil du midy.

B v

pendant il eſt dans une terre légére & chaude ; à l'égard des
poiriers j'ay fait planter trois ar-
Experience. bres de *Colmart*, il y a bien ſept
ou huit années à la même expo-
ſition ; ils ſont à haute tige en eſpalier, & ils ne manquent point
tous les ans de donner des poires, dont la beauté & la groſſeur
font plaiſir; elles ſont jaunes d'un
côté, & rouge de l'autre. Neanmoins quoyque je ſois ſeûr **de**
cette verité, je ne voudrois pas
donner ce conſeil pour tout autre climat, que celuy d'autour
de Paris, car celuy-cy eſt moins
chaud que celuy de certaines
Provinces.

Le Curieux.

Il ſeroit à ſouhaitter que tous
ceux qui font difficulté de mettre des peſchers & des poiriers

en espalier au Soleil du midy
autour de Paris, fussent instruits
de vôtre experience; ils n'hesi-
teroient point d'y en faire planter, puisqu'ils y réüsslissent si
bien.

De l'exposition du Soleil couchant.

LE JARDINIER SOLIT.

L'Exposition du Soleil couchant commence depuis onze
heures & demie jusqu'au coucher du Soleil; elle n'est pas si
avantageuse pour les fruits que
celle du levant, car elle est plus
tardive de huit ou dix jours; mais
elle a cet avantage qu'elle ne reçoit gueres de dommage de la
gelée, laquelle fond avant que
le Soleil ait donné dessus, & qui
tombe comme la rosée, en sorte
qu'elle ne gâte rien. C'est pour-

L'heure à laquelle commence le Soleil couchant à donner sur l'espalier.

L'avantage qu'on reçoit du Soleil couchant.

B vj

quoy mon avis eſt qu'on y peut planter des Peſchers, Poiriers, Abricotiers & Pruniers.

LE CURIEUX.

Il ne me reſte qu'à vous demander les effets de l'expoſition du nord ; j'ay toûjours oüy dire qu'elle ne valoit pas grand choſe.

LE JARDINIER SOLIT.

Dans les terres froides & humides le fruit ne profite point à l'expoſition du Nord.

Cela eſt vray à l'égard des terres qui ſont plus froides que chaudes ; mais il n'en eſt pas de même dans les terres légéres & chaudes, ainſi que je vais vous l'expliquer.

De l'expoſition du Soleil du Nord.

Dans les terres légéres & chaudes comme le

QUoyque l'expoſition du Nord ait moins de Soleil que celle du couchant, le fruit ne laiſſe pas d'avoir son merite dans le climat de Paris qui est plus chaud que froid ; c'est pourquoy les poires d'été, la prune de *Monsieur*, le verjus, les abricots & les figues y reçoivent une chaleur suffisante, quoy que moderée, pour nourrir les fruits & les faire venir à leur maturité. J'avoüe qu'ils seront plus tardifs, moins en couleur & d'un goût mediocre, pour n'avoir pas eu le Soleil qui fait l'avantage des autres expositions ; mais aussi ils viennent ordinairement plus gros, & se mangent plus tard.

climat de Paris, le fruit vient à maturité à l'exposition du Nord.

LE CURIEUX.

Aprés avoir appris de vous les effets des quatre expositions du Soleil ; je voudrois bien avoir vôtre sentiment sur les accidents qui peuvent arriver à chaqu'une en particulier.

Accidents de l'expofition du Soleil Levant.

LE JARDINIER SOLIT.

L'Expofition du Soleil levant eft fujette aux vents de Nord-eft, à un vent roux, & à une bife feche qui brouïffent les feüilles des pefchers, les recoqüillent, & font tomber beaucoup de fruits à noyaux & à pepins quand ils commencent à fe noüer.

Accidents de l'expofition du Soleil du midy.

Les arbres à haute tige qui portent des fruits d'hyver ne réüffiffent point au Soleil du midy Raifon pourquoy.

L'expofition du Soleil du Midy eft à couvert des vents de Galernes au printemps ; mais elle eft rudement battuë des vents du midy depuis la my-Aouft, jufques à la my-Octobre. Les arbres de haute tige n'y réüffiffent pas à eaufe que les fruits d'hyver y tombent avant leur maturité.

L'experience ne me l'a fait que trop connoître. C'eft la raifon pourquoy je vous confeille d'y mettre des fruits d'efté, qui fe cueillent avant que ces grands vents arrivent.

Avis tres important pour l'expofition du midy.

Accidents de l'expofition du Soleil couchant.

L'expofition du couchant eft fujette au vent malfaifant de Galerne, qui gâte les fleurs au printemps, & brouït les feüilles & les jets tendres. De plus elle eft battuë des grands vents du couchant pendant l'automne.

Suite du même fujet de l'expofition du couchant.

LE CURIEUX.

Si l'on pouvoit fe garentir de ces accidens, on ne feroit pas privé de ces bons fruits, comme il arrive tres fouvent. Je vous demande à prefent comment il faut difpofer les murs pour y faire un treillage, afin d'y paliffer les arbres.

CHAPITRE V.

Treillage pour les efpaliers des murs.

LE JARDINIER SOLIT.

La diftance à laquelle doivent être fcellez les crochets.

IL faut commencer par faire fceller des crochets de trois pieds de diftance l'un de l'autre enefchiquier, & qui ayent deux pouces de fallie pour pofer les échalas.

LE CURIEUX.

Quelle eft la meilleure qualité de bois qui doit être employée à faire un treillage.

LE JARDINIER SOLIT.

Le bois de chefne eft le plus en ufage, parce qu'il eft le plus de durée, pourvû qu'il n'y ait point d'aubié.

Pour faire un treillage, le bois de chefne doit eftre preferé à tous autres.

LE CURIEUX.

Je fuivray vôtre avis ; mais ce n'eft pas affez d'avoir des échalas ; il faut fçavoir la maniere de les employer en treillage.

LE JARDINIER SOLIT.

Ayant la quantité d'échalas neceffaires pour être employez au tour des murs, l'ouvrier les preparera pour les dreffer feulement fans les affoiblir ; & enfuite on les pofera fur les crochets, en forte qu'ils foient mis les uns fur les autres. Les mailles doivent être de fept pouces

Methode d'employer les échalas en treillage de bois.

de large, fur huit pouces de hauteur : elles auront meilleure grace en quarré long, qu'en quarré parfait. On les liera avec du fil de fer, & l'on continuera cet Ouvrage tout au tour des murailles : Vôtre treillage étant fait, vous ferez peindre vos é-chalas de quelque couleur en huile, ils en feront d'une plus longue durée.

LE CURIEUX.

On m'a dit, qu'il y a une au-tre forte de treillage, qui fe fait en fil de fer, en fçavez-vous l'u-fage ?

LE JARDINIER SOLIT.

Experience qu'on a des treillages de fil de fer tres utile pour la durée.

Je le dois bien fçavoir, puif-qu'il y a plus de dix ans, que j'en ay fait faire la premiere fois. Ce treillage eft d'une grande épar-

gne, & de longue durée. A la
verité il ne marque pas aux murailles, comme font les échalas,
mais il ne laiſſe pas d'avoir ſon
utilité pour bien paliſſer les arbres, ſans endommager les branches, quoi qu'en diſent quelques-uns, qui prétendent que le
fil de fer écorche & coupe les
branches des peſchers qui ſont
paliſſez, & qu'il les fait perir.
Il me paroît qu'ils en ont parlé
ſans en avoir fait l'experience.
Je ne me ſuis pas encore apper-
çû que le fil de fer ait endom-
magé aucune branche ; c'eſt
pourquoi j'ay continué d'en faire faire encore un depuis deux
ans ; on ne doit donc point ap-
prehender qu'il en arrive aux
arbres aucun accident, l'experience m'a fait connoître le contraire.

Erreurs de quelques au-
teurs qui di-
ſent que le
treillage en
fil de fer eſt
préjudicia-
ble aux
branches des
peſchers.

Preuve du
contraire ex-
perimenté.

44 *Le Jardinier Solitaire.*

LE CURIEUX.

Quoi-que je n'aye pas besoin de faire faire pour le present cette sorte de treillage de fil de fer, je souhaitterois neanmoins sçavoir par curiosité la maniere dont il se fait, & à quoy se peut monter l'épargne.

CHAPITRE VI.

Maniere de faire les treillages en fil de fer.

LE JARDINIER SOLIT.

Hauteur & distance des crochets.

SUPPOSÉ que le mur où l'on veut faire un treillage de fil de fer ait neuf pieds de hauteur, on fera sceller trois rangées de crochets d'une égale hauteur ; la distance de ces crochets fera de deux pieds. Sur chaque ran-

gée feront mis des échalas de
neuf pieds, affemblez par les
bouts, & attachez avec le fil de
fer aux crochets de chaque rangée.

L'on mettra de fix toifes en
fix toifes un échalas, de la hauteur du mur ; il fera attaché à
un crochet de chaque rangée en
hauteur. On met ces échalas
deffus les crochets, afin que le
treillage de fil de fer foit bien
bandé & attaché. L'on en fera
les mailles de la même maniere
que fi c'étoit un ouvrage fait en
bois ; c'eft à-dire de fept pouces
de longueur fur huit de hauteur.

L'épargne en eft confiderable: *Le treillage*
la dépenfe va à deux tiers moins, *de fil de fer*
que de ceux qui fe font avec des *eft d'une é-*
échalas, & il dure infiniment *pargne con-*
davantage. *fiderable.*

Les tringles de fer peuvent être utiles pour un treillage de fil de fer.

Que si au lieu d'échalas l'on vouloit se servir de tringles de fer, comme celles que les Vitriers employent aux paneaux des vitres, on n'en verroit de longtemps la fin.

LE CURIEUX.

Je suis bien aise d'avoir appris la méthode de faire un treillage de fil de fer. Revenons, je vous prie, aux ouvrages qu'il y a à faire à nôtre nouveau jardin.

La treillage en bois étant achevé, il faudra des arbres pour les y planter ; je n'ay aucune connoissance des bons fruits tant en pepins qu'en noyaux ; je voudrois bien que vous me fissiez un détail de ceux qui sont les plus estimez ; vous m'obligeriez aussi de me dire le temps de leur maturité.

CHAPITRE VII.

Détail des Poires qui font les plus eftimées, & le temps de leur maturité.

LE JARDINIER SOLIT.

JE commence mon détail par les poires d'été qui font les plus exquifes.

Poires d'été des mois de Juillet & Aouft.

Le *Petit mufcat* eft une des premieres poires qui fe mangent; elle eft fort petite; elle a l'odeur de mufc, & le goût tres-relevé : il n'y a point de curieux, qui n'en ayent dans leur jardin. *Petit mufcat eft demy beurrée.*

La *Cuiffe - madame* eft longuette, rouge, & jaune, elle a l'eau fucrée. *Cuiffe Madame eft demy-beurrée.*

La poire fans peau reffemble

Poire fans peau *eft de my beurrée.*

affez au Rouffelet pour la figure & pour le goût, elle eft en maturité vers la fin de Juillet, & elle eft eftimée des curieux pour fa bonté.

Blanquette *eft caffante.*

La *Blanquette* eft plus longue que ronde ; fa peau eft liffée, elle a l'eau relevée & fucrée, elle fe garde affez de temps.

Poire à la Reine *eft tendre, c'eft-à-dire, qu'elle n'eft ni beurrée ni caffante*

La poire *à la Reine* a plufieurs noms ; elle fe nomme le *Mufcat Robert*, & la *poire d'ambre :* elle eft plus groffe que le petit mufcat, plus jaune & d'un goût tres-relevé.

Belliffime *eft une poire demy-beurrée.*

La *Belliffime* ou *fupréme* eft une poire, qui a la figure d'une groffe figue, fa couleur eft jaune foüetté de rouge : elle a bon goûr : il la faut cueillir un peu verte, étant fujette à cotonner.

Rouffelet *de Reims eft demy-beurrée.*

Le *Rouffelet* de Reims eft connu pour être une des meilleures

leures poires qu'il y air; il est
beurré musqué: il vient plus gros
en espalier, qu'en plein vent;
mais il n'a pas un si grand goût
que celuy qui vient sur les hautes tiges.

Il y a encore une autre poire
Rousselet qui est plus petite; elle
a un goust plus relevé, & n'est pas
si sujette à mollir; elle se garde
plus long-tems, & est excellente
pour confire.

La *Cassolette* est une poire, Cassolette
qui a la figure d'une cassolette, *est cassant*
ce qui luy en a fait donner le *& tendre.*
nom. Elle est verdâtre, son eau
est tres-musquée, & sucrée; l'arbre charge beaucoup: elle se garde assez de temps, ce qui n'est
pas ordinaire aux fruits d'esté.

La *Bergamotte* d'esté ressem- Bergamotte
ble assez à la Bergamotte d'au- *d'esté est de-*
tomne; il y en a qui la nomment *mi beurrée.*

C

Milan d'efté : elle a l'eau fucrée

L'*Inconnu chéneau eſt caſſant.*

L'*Inconnu chéneau* ſe nomme auſſi *la fondante de Breſſe :* quoiqu'elle ſe nomme fondante, elle ne l'eſt pas ; c'eſt une poire qui eſt caſſante, plus longue que ronde, qui a du rouge & du jaune, point pierreuſe ; ſon eau eſt fucrée & relevée ; l'arbre donne beaucoup de fruit.

Robine eſt demi caſſante.

La *Robine* qui ſe nomme auſſi la *Royale d'eſté,* eſt petite, & vient plus groſſe ſur coignaſſier que ſur franc : ſon fruit vient ſur les arbres par bouquets ; elle eſt tres-muſquée, ſucrée & eſtimée des curieux.

Poires du mois de Septembre.

Bon chrétien d'eſté eſt demi caſſant.

Le *Bon-chrétien d'eſté* eſt connu de tout le monde, il eſt jaune, liſſé, long, plein d'une eau fucrée : quoi-qu'il ne ſoit pas eſtimé des curieux, il a néanmoins son merite dans les terres chaudes.

Le *Bon-chrétien musqué* est une poire longue, d'une grosseur raisonnable : sa peau est jaune, lissée, foüettée de rouge, lorsqu'on a soin d'ôter les feuilles, qui la cachent au soleil : sa chair est cassante, d'un goût parfumé, & son eau sucrée. Il y a des auteurs qui disent qu'elle ne reüssit pas greffée sur coignassier, & qu'il faut la greffer sur franc. Ils trouveront bon que je leur dise, que l'experience que j'en ay faite sur le coignassier, reüssit aussi bien que sur le franc ; avec cette difference, que l'arbre sur le franc dure davantage que sur le coignassier.

L'*Orange rouge* est une poire d'un rouge de corail, qui a l'eau

Bon-chrétien musqué d'esté est cassant.

Les arbres greffez sur franc durent davantage que sur coignassier.

Orange rouge est cassante.

C ij

bien sucrée : il faut la prendre un peu verte pour qu'elle ne soit pas cottoneuse.

Orange musquée est cassante.

L'*Orange musquée* est plus estimée que la rouge ; mais elle n'est pas si grosse ni si connuë.

Salveati est demi beurrée.

Le *Salveati* est une poire de moyenne grosseur, elle est ronde, belle & jaune, elle prend du rouge, quand on ôte les feüilles qui la cachent au soleil ; elle est d'un goust excellent : son eau est sucrée.

La Verte longue est fondante.

La *Verte longue* ou moüille-bouche est longue & verte, même quand elle est meure. Elle est tres-fondante & d'une bonne eau dans les terres chaudes, & seches : dans les terres humides, elle n'est pas si excellente.

Beurré rouge est si beurré qu'il en a pris le nom.

Le *Beurré rouge* dit d'*Anjou*, est une grosse poire agreable à la veuë, qui est fort colorée ; son beurré eſt ſi fondant qu'elle en porte le nom; ſon eau eſt tres-ſucrée : l'on a cet avantage que les arbres chargent preſque tous les ans en quantité, & dans toutes ſortes de terreins.

Le *Beurré gris* n'eſt pas ſi haut en couleur que le rouge ; mais j'eſtime ſon beurré plus fin, à cauſe d'un fumet qu'il a & que le rouge n'a pas, il eſt auſſi plus tardif.

Cette poire n'eſt pas ſeulement beurrée, mais auſſi tres-fondante auſſi bien que le Beurré rouge.

La *Bellißime* ou *Vermillon* eſt rouge comme le vermillon, elle a la figure de la Cuiſſe-madame, & ſon goût en approche, mais elle eſt plus groſſe ; ſon eau eſt ſucrée : pour l'avoir dans ſa parfaite bonté, il faut qu'elle ſe détache de l'arbre.

Belliſſime d'automne eſt caſſante.

Il faut mettre de la paille au pied de l'arbre, pour empeſcher qu'elle ne ſoit point meurtrie en tombant.   C iij

Ce qu'il faut obſerver afin que le fruit ne ſoit point meurtri en ſe détachant de l'arbre.

Poires du mois d'Octobre.

Messire-
Jean doré
est cassant.

Le *Messire-Jean doré* est une poire ancienne qui a son mérite pour son eau qui est sucrée.

Messire-
Jean gris
est cassant.

Le *Messire-Jean gris* se garde plus long-temps que le doré, la chair en est plus ferme.

Bergamotte
Suisse *est*
fondante.

La *Bergamotte Suisse* est la premiere Bergamotte qui se mange; elle est aussi beurrée que celle d'automne : elle est rayée de vert & de jaune, & elle est tres-sucrée.

Bergamotte
d'automne
est beurrée
& fondante.

La *Bergamotte d'automne* est grosse, lissée, platte, & beurrée, & quoy-qu'elle soit verte, quand on la cueille, elle ne laisse pas de devenir un peu jaune en meurissant sur les tablettes, qui doivent être de bois de chesne, afin qu'elle ne prenne point de goût étranger; elle se garde jusqu'au mois de Decembre.

La *Verte-longue panachée* eſt rayée de verd & de jaune comme la bergamotte Suiſſe ; elle a la même bonté que la Verte-longue ordinaire.

Verte longue panachée *eſt fondante.*

La *Dauphine* ou *Franchipane* eſt plus longue que ronde, plus groſſe que petite ; elle eſt liſſée & jaune ; elle eſt des plus fondantes & des meilleures. Son eau eſt douce & ſucrée, elle a le goût de franchipane ; c'eſt ce qui luy a fait donner ce nom par les curieux.

Dauphine *ou* Franchipane *eſt fondante.*

Le *Sucré-verd* eſt une poire qui eſt plus ronde que longue ; elle eſt aſſez groſſe, tres-excellente à cauſe de ſon goût de ſucre, elle eſt eſtimée de tous les curieux : l'arbre charge beaucoup, on la nomme *ſucrée-verte,* parcequ'elle eſt toûjours verte.

Sucré verd *eſt beurré,*

Le *Doyenné* est une poire qui est grosse : elle devient jaune comme un citron : son eau est sucrée : dans les années seches elle a un fumet qui la fait estimer.

Doyenné est beurré.

Poires du mois de Novembre.

La *Marquise* est une grosse poire : elle ressemble au bon chrétien d'hiver par sa figure, elle est néanmoins un peu pointuë vers la queuë : elle est verte quand on la cueille, mais elle jaunit en meurissant : elle est tres-beurrée & fondante, son eau est sucrée & musquée ; c'est une des plus excellentes poires.

Marquise est beurrée & fondante.

La *Bergamotte de Cresane* est grosse & ronde, d'un gris verdâtre qui jaunit en meurissant ; elle est fondante, & a l'eau sucrée ; elle a une acreté agreable au goût, & qui luy donne une bon-

Bergamotte de Cresane est fondante.

ne qualité : son sucre est fin , elle
est tres-estimée des curieux.

La *Jalousie* est une poire qui
est grosse , un peu pointuë vers
la queuë & d'une couleur grisâ-
tre , qui tire sur celle du Martin-
sec ; elle a beaucoup d'eau & par
consequent est fondante. Elle a
le deffaut de mollir , si on ne la
cueille pas un peu verte.

Jalousie est fondante.

Le *Satin* est rond ; sa peau est
jaune & lissée comme un satin, il
est fondant ; son eau est sucrée, il
est estimé pour une bonne poire.

Satin est fondant.

La *Pastorale* a la figure comme
la poire de Sainlezin qui est un
peu longue, mais plus grise ; elle
est fondante & excellente : elle
se garde jusqu'au mois de Decembre.

Pastorale est fondante.

La *Virgouleuse* est une poire
ancienne, qui est bien connuë
pour sa bonté, elle est fondante

Virgouleu-se est beurrée & fondante.

C v

& beurrée. Sa figure eſt longue
& verte ; elle jaunit en meuriſſant. Il faut toûjours prendre la
précaution de ne la point mettre
dans un lieu enfermé , ni ſur la
paille , ni ſur des planches de ſa-
pin, mais ſur des planches d'un
bois de cheſne, qui n'a point d'o-
deur, ou ſur le plancher ; afin
qu'elle ne prenne point de mauvais goût.

Epine d'hyver eſt fondante & beurrée.   L'*Epine d'hyver* eſt plus longue que ronde : elle eſt verte,
& jaunit un peu en meuriſſant ;
elle eſt tres-fondante & muſquée : elle a le goût plus fin
quand elle eſt greffée ſur le coignaſſier, que ſur le franc.

Ambrette eſt fondante.   L'*Ambrette* eſt eſtimée pour ſa
bonté ; elle eſt ronde , & d'une
eau ſucrée, elle eſt plus exquiſe
quand elle eſt greffée ſur coignaſſier que ſur franc : dans les

terres fortes elle eſt griſe, & dans
les terres légeres elle eſt plus
blanchâtre & plus hâtive : elle a
auſſi le goût plus relevé.

La *Merveille d'hyver* eſt une
poire dont la figure eſt inégale,
n'étant ni ronde ni longue ; elle
eſt verdâtre, elle a l'eau trés-a-
greable, & d'un beurré tres-fin.

*Merveille
d'hyver eſt
fondante &
beurrée.*

La *Saint-Germain* eſt groſſe
& longue, elle eſt tres-beurrée
& fondante ; elle eſt verdâtre,
elle jaunit en meuriſſant ; on en
mange juſqu'au mois de Mars :
quand on veut qu'elle ſe garde
auſſi long-temps, il faut la cueillir un peu verte & la mettre dans
un lieu qui ne ſoit ni chaud, ni
froid, afin qu'elle ne ſoit point
ridée : ſon arbre fait un beau
buiſſon , & charge beaucoup.
Cela fait un plaiſir d'autant plus
grand, que ſon fruit eſt une des

*S. Germain
eſt fondante
& beurrée.*

C vj

meilleures poires d'hyver que nous ayons, & des plus eſtimées chez les curieux.

Martin-ſec eſt caſſant.

Le *Martin-ſec* eſt connu pour être ancien, il eſt plus long que rond, & prend aiſément du rouge ; ſon eau eſt ſucrée ; il eſt caſſant, il ſe garde juſqu'au mois de Février.

Poires d'hyver.

Rouſſeline eſt beurrée.

La *Rouſſeline* eſt longue, & plus pointuë vers la queuë que le Rouſſelet : ſon goût a un ſi grand rapport avec celuy du Rouſſelet, qu'on luy a donné le nom de Rouſſeline ; elle eſt ſucrée & muſquée : dans les années humides elle a plus d'eau que dans les années ſeches.

Colmart eſt beurré & fondant.

Le *Colmart* eſt gros, plus long que rond : il eſt beurré & fondant ; ſon eau eſt ſucrée, & d'un goût tres-fin : c'eſt une des plus excellentes poires que nous a-yons pour l'hyver ; elle ſe garde juſqu'à la fin de Mars, pourvû qu'on obſerve ce que j'ay dit pour la S. Germain.

Le *Bezy de Chaumontel* eſt une poire qui eſt groſſe & longue ; ſa peau eſt ſemblable à la poire de Beurré gris, elle eſt demi beur-rée & fondante, elle a l'eau ſu-crée.

Bezy de Chaumon-tel *eſt demi beurré.*

Le *Bezy de Chaſſery* eſt une poi-re qui eſt raiſonnablement groſ-ſe : elle eſt ronde en ovale, beur-rée & fondante ; ſon eau eſt ſu-crée & muſquée. C'eſt la plus excellente poire que nous ayons pour l'hyver ; & je conviens avec un Auteur qui en a écrit, que c'eſt un fruit parfait dans ſa bon-té.

Bezy de Chaſſery *eſt beurré & fondant.*

M. Merlet dans ſon abregé des bons fruits

Le *Bon-chrétien* d'hyver eſt Bon-chré-

une ancienne poire connuë de tout le monde, pour son espece & sa qualité : elle dure jusqu'au printemps.

L'*Angelique de Bordeaux* ressemble au Bon-chrétien d'hyver, mais elle est plus platte, & moins grosse ; elle est cassante : son eau est aussi sucrée que celle du Bon-chrétien d'hyver : elle se garde long-temps.

La *Bergamotte de Pasques* ou *Bergamotte d'hyver* n'est pas si grosse que la Bergamotte d'automne, mais elle a le même goût, & j'estime qu'elle a l'eau plus sucrée.

La *Bergamotte de Soulers* n'est pas si platte que la Bergamotte d'automne : elle est tachetée de noir, elle est beurrée & fondante, son eau est sucrée, elle se mange en Février & Mars.

La *Royale d'hyver* eſt une poire nouvelle qui a la figure & la
groſſeur d'une poire de Bonchrétien d'eſté; elle eſt jaune & de-
mi-beurrée, elle a l'eau tres-ſucrée, on la mange en Janvier Février & Mars : on dit qu'on l'a
apportée de Conſtantinople pour
le Roy, qui l'a trouvée à ſon
goût.

Royale
d'hyver *paſ-
ſe pour un
demi beur-
ré.*

LE CURIEUX.

Me voila bien inſtruit ſur la
qualité des bonnes poires, mais
je m'apperçois que vous n'avez
fait aucune mention des bonnes
poires à cuire pour faire des com-
poſtes.

LE JARDINIER SOLIT.

Il eſt vray que je n'ay point
parlé de ces ſortes de poires,
ayant jugé, que le Bonchrétien

*Le Bon-
chrétien
d'hyver doit
être preferé*

pour les compostes à toute autre poire à cuire.

d'hyver étoit superieur en bonté à toutes les autres poires telles que sont le *Certeau*, le *Franc-real*, la *Donville*, l'*Angobert*, &c. j'ay suivi en cela le sentiment d'une personne d'un bon discernement, qui préferoit en composte le Bon - chrétien d'hyver à toute autre poire. Si néanmoins vous desirez avoir dans vôtre Jardin quelques poires à cuire, je vous conseille de preferer celles que je viens de nommer. En ce cas il faudra ôter quelques arbres de Bon-chrétien d'hyver, ou d'autres especes, que vous jugerez à propos, du nombre des arbres qui seront mentionnez dans vôtre memoire, afin qu'il se trouve juste pour remplir les places destinées à vôtre plant.

Le Curieux.

Je connois les poires à cuire
que vous m'avez nommées, & je
sçay qu'elles sont excellentes en
composte ; mais puisque vous
m'assûrez que le Bon-chrétien
d'hyver leur est superieur en bonté, il doit avoir la préférence.
Maintenant je vous prie de me
donner un dénombrement des
meilleures pesches, afin de les
bien connoître.

Chapitre VIII.

*Enumeration des meilleures & des
plus excellentes Pesches, avec
leur figure & leurs qualitez.*

Le Jardinir Solit.

JE commenceray cette énume-
ration par les pesches qui sont
les plus hâtives.

Avant pes-
che blanche.

L'*Avant-pesche blanche* est la premiere que l'on mange, elle est petite, elle a l'eau sucrée & musquée : l'arbre charge beaucoup, & il n'y a point de curieux, qui n'en ait un ou deux dans son Jardin.

Avant
pesche de
Troyes.

L'*Avant-pesche de Troyes* est un peu plus grosse que l'Avant pesche blanche : elle est rouge comme le vermillon : son goût est relevé, musqué, son arbre donne beaucoup de fruit, ce qui fait plaisir à voir, il faut en avoir quelques-uns.

Double de
Troyes.

La *Double de Troyes* est une pesche de moyenne grosseur, elle est d'un goût relevé pareil à celuy de l'Avant - pesche de Troyes.

Alberge
jaune.

L'*Alberge jaune* à la chair jaune, & d'une mediocre grosseur, d'un goût excelent, quand on la laiffe meurir fur l'arbre.

La *Pourprée hâtive* eft groffe
& d'un beau rouge, fon goût eft
tres-fin & délicieux ; c'eft une
des plus excelentes pefches ; elle fe mange à la fin de Juillet &
dans le mois d'Aouft.

La *Mignonne* eft une pefche
qui eft groffe, un peu plus longue que ronde ; elle a un côté
plus élevé que l'autre, elle eft
belle en couleur, fon eau eft fucrée ; elle eft des plus exquifes.

La *Magdelaine blanche* eft ronde, fon eau eft fucrée & vineufe,
ce qui l'a toûjours fait eftimer
des curieux,

La *Pefche païfanne* eft d'une
moyenne groffeur ; elle eft ronde
& rouge en dedans & en dehors, fa chair eft delicate & pleine d'eau. Les anciens Jardiniers
luy ont donné le nom de *Magde-*

Pourprée
hâtive.

Mignonne.

Magdelaine
blanche.

Pefche paï
fanne.

laine rouge, mais ce n'eſt pas la veritable ; j'en feray mention avec les peſches du mois de Septembre qui eſt le tems qu'elle ſe mange.

Chevreuſe.　　La *Chevreuſe* eſt eſtimée pour avoir l'eau douce & ſucrée, elle eſt plus longue que ronde, d'une bonne groſſeur, elle prend un rouge vif; l'arbre a cet avantage qu'il charge beaucoup, elle ſe mange au mois d'Aouſt.

Royale.　　La *Royale* eſt de moïenne groſſeur, d'un rouge reluiſant, plus ronde que longue, elle a la chair fine & l'eau ſucrée.

Druzelle.　　La *Druzelle* eſt plus longue, que ronde, elle eſt bien colorée & agreable au goût.

Bourdine.　　La *Bourdine* eſt d'une bonne groſſeur, ſon goût eſt vineux, elle eſt eſtimée pour une excellente peſche, l'arbre en plein

vent charge beaucoup de fruit
tres-beau.

La *Violette hâtive* est de deux Violette.
sortes, la grosse & la moïenne : hâtive.
cette derniere est plus estimée,
parce qu'elle est vineuse. La grosse n'est pas moins fondante ; mais
elle n'est pas vineuse ; elle a né-
anmoins son mérite par sa grosseur & par son goût qui est excelent.

La *Chanceliere* est belle , & Chancelie-
plus longue que ronde : sa cou- re.
leur est d'un beau rouge, sa peau
tres-fine, son eau sucrée, & tres-
excellente.

La *Blanche d'Andilly* est gros- Blanche
se, ronde, blanche dedans & de- d'Andilly.
hors ; son goût est estimé pour
son eau sucrée.

L'*Admirable* est grosse & ron- Admira-
de ; elle a beaucoup de rouge, ble.
sa chair est délicate : elle a l'eau

sucrée, son goût est estimé ; elle se mange au commencement de Septembre.

Nivette. La *Nivette* prend du rouge, elle est plus longue que ronde, d'une belle grosseur ; son goût est relevé, & son eau sucrée, ce qui la fait estimer pour une des meilleures pesches:elle se mange à la mi-Septembre.

Persique. La *Persique* vient d'un noyau de pesche de Pau : elle est tres-grosse, plus longue que ronde & d'un beau rouge ; elle a des petites bosses, son goût est tres-délicat.

Magdelaine rouge. La veritable *Magdelaine rouge* est grosse, un peu plus longue que ronde, elle a un beau coloris, son eau est sucrée & relevée, c'est une excellente pesche : les plus grands curieux l'estiment : elle se mange à la fin de Septembre.

La *Belle de Vitry* eſt groſſe & ne prend pas beaucoup de rouge ; elle eſt un peu plus ronde que longue, ſon eau eſt agreable, elle ſe mange au mois de Septembre. Belle de Vitry

La *Belle-garde* eſt groſſe, & ne prend pas beaucoup de rouge, elle eſt plus longue que ronde ; l'eau en eſt ſucrée, c'eſt une tres-bonne peſche. Belle-garde.

La *Violette tardive* ou panachée a ſon mérite pour ſa qualité, particulierement quand l'automne eſt ſeche ; elle ſe mange au commencement d'Octobre. Violette tardive.

Le *Brugnon violet* devient muſqué, ſi on le laiſſe meurir, juſqu'à ce qu'il ſe détache de l'arbre, pour lors c'eſt un manger délicieux. Brugnon violet.

L'*Abricottée* ou l'*Admirable* Abricottée.

jaune a la figure de l'Admirable ordinaire pour sa grosseur, & son rouge ; sa chair est comme celle de l'Abricot, son goût est estimé dans sa saison, elle se mange à la fin de Septembre.

Pesche de Pau.

La *Pesche de Pau* est de deux sortes, la longue & la ronde ; cette derniere est plus estimée que l'autre, néanmoins elles sont toutes deux bonnes ; je ne vous conseille pas d'en avoir dans vôtre Jardin en quantité.

Pavie rouge de Pomponne.

Le *Pavie rouge de Pomponne*, ou *monstrueux* est rond, il est d'un rouge incarnat ; son goût est musqué, & son eau sucrée, il se mange à la fin de Septembre.

LE CURIEUX.

La peine que vous prenez de m'apprendre à connoître les meil-

meilleures pesches par l'énume-
ration que vous venez de m'en
faire, me donne lieu de vous demander quelles sont les meilleures prunes.

CHAPITRE IX.

*Détail des meilleures prunes, avec
leur figure & leurs qualitez.*

LE JARDINIER SOLIT.

LE *Gros Damas de Tours* est
une prune hative, qui a la
chair jaune:elle quitte le noyau,
elle est estimée pour sa bonté.

Gros Da-
mas de
Tours.

La *prune de Monsieur* est grosse,
ronde, violette ; elle quitte le
noyau, & n'est pas d'un goût fort
relevé, mais elle ne laisse pas
d'avoir son mérite dans les terres légéres & chaudes, où elle
est incomparablement meilleu-

Prune de
Monsieur.

D

re que dans les terres humides.

Damas rouge, blanc & violet. Les *Damas rouge, blanc, & violet,* ont tous une même qualité : ils quittent le noyau, font tres fucrez & eſtimez : le *Violet* eſt longuet, les deux autres ſont ronds.

Diaprée. La *Diaprée* eſt une prune longue, tres fleurie, qui quitte le noyau, & qui paſſe pour excellente.

Mirabelle. La *Mirabelle* eſt une petite Prune qui a la couleur d'ambre quand elle eſt meure : elle eſt bien ſucrée, elle quitte le noyau, elle a une bonté admirable en confitures : il y en a de deux ſortes, la groſſe & la petite : je les eſtime également bonnes.

Maugeron. La *Maugeron* eſt violette, groſſe & ronde ; elle quitte le noyau, elle eſt d'une bonté qui fait qu'elle mérite d'être miſe au nombre des excellentes prunes.

Le *Damas* d'*Italie* eſt une prune preſque ronde, & d'un violet brun, elle eſt fleurie, elle a
l'eau ſucrée, elle quitte le noyau:
j'eſtime qu'elle eſt une des bonnes prunes.

Damas d'I-
talie.

La *Reyne Claude* eſt blanche
& ronde, ſon eau eſt tres-ſucrée, la chair en eſt ferme, elle
quitte le noyau, elle eſt fort eſtimée; elle doit être miſe au nombre des prunes curieuſes.

Reyne
Claude.

La *Royale* eſt groſſe & ronde,
ſon rouge eſt clair, elle eſt bien
fleurie: elle a un goût fort relevé, qui ne cede en rien à celuy
du *Perdrigon*, elle quitte le
noyau.

Royale.

La *Sainte Catherine* eſt blanche, & prend la couleur d'ambre en meuriſſant ſur l'arbre;
elle a l'eau ſucrée, elle eſt excellente miſe en confitures.

S. Catheri-
ne.

D ij

Drap d'or. Le *Drap d'or* eſt une eſpece de Damas ; il n'eſt pas bien gros : ſa peau eſt jaune, marqueté de rouge : il eſt d'un goût tres - fin, & ſucré : l'arbre n'a pas l'avantage de charger extrémement, cependant j'ay vû des années où il chargeoit beaucoup.

Perdrigon violet. Le *Perdrigon violet* eſt une prune plus longue que ronde, elle eſt d'un goût fort relevé, elle a toûjours été eſtimée pour ſa bonté. Il y en a une eſpece qui ne quitte pas le noyau, & une autre qui le quitte : la derniere eſt la plus eſtimée, quoique toutes les deux ſoient excellentes, tant cruës que confites.

Perdrigon blanc. Le *Le Perdrigon blanc* eſt d'un goût auſſi relevé que le violet : il quitte le noyau, il eſt excellent cru & confit.

Imperiale violette. L'*Imperiale violette* eſt une

prune, qui quoy-qu'ancienne, sera toûjours estimée pour sa bonté ; elle est grosse & longue, bien fleurie ; son eau est tres-relevée & sucrée. Les Curieux l'estiment pour une des plus excellentes prunes, particulierement dans les terres légéres & chaudes : elle n'est pas sujette aux vers, quand elle est greffée sur amandier.

Remarque utile à mettre en pratique.

Le *Damas musqué* est petit & plat ; il est bien fleuri & musqué ; il quitte le noyau.

Damas musqué.

L'*Abricottée* est une prune qui est blanche d'un côté, & un peu rouge de l'autre : elle est grosse comme la *Sainte Catherine* ; elle quitte le noyau : elle est tres-estimée des curieux pour sa bonté.

Abricottée

La *Dauphine* est verdâtre & ronde, d'une bonne grosseur :

Dauphine

D iij

elie eſt tres-ſucrée, & tres-excellente, mais elle ne quitte point le noyau.

Damas à la Perle.   Le *Damas à la perle* a la figure de perle en pointe vers la queuë ; il eſt d'une mediocre groſſeur, d'un goût ſucré. Il eſt plus fleuri que le damas rouge ; ſa chair eſt jaune & quitte le noyau : cette prune eſt peu connuë.

LE CURIEUX.

Me voila encore parfaitement inſtruit ſur les qualitez des prunes : je vous prie de m'inſtruire de même ſur les pommiers.

LE JARDINIER SOLIT.

C'eſt bien mon intention de vous les faire connoître.

CHAPITRE X.

*Enumerat on des me'lleures Pom-
mes, ave leur fig re & leurs
qual tez.*

LE JARDINIER SOLIT.

POMME de *Rambourg franc*, c'eft une pomme qui eft groffe, dont la figure eft platte, rayée d'un peu de rouge : elle eft excellente étant cuite, particu-lierement en compofte : elle eft des plus hâtives, il eft bon d'en avoir deux arbres dans un Jardin. *(Rambourg franc.)*

La *Reynette franche* eft ancien-ne & bien connuë ; elle eft grof-fe & belle ; elle jaunit en meuriffant ; elle eft tiquetée de petits points noirs, elle a l'eau fucrée, & fe garde jufqu'au Prin-temps. *(Reynette franche.)*

D iiij

Reynette grife.

Reynette rouge.

Calville rouge.

Raifon pourquoy il y a des Calvilles rouges de dans, & d'autres qui ne le font pas.

Calville blanche.

La *Reynette grife* eft tres-bonne, elle a l'eau fucrée ; elle ne fe garde pas fi long-temps que la reynette franche.

La *Reynette rouge* n'eft pas connuë de tout le monde à caufe de fa rareté ; elle eft d'un beau rouge, elle a la chair ferme & l'eau fucrée.

La *Calville rouge* eft groffe, plus longue que ronde, fon goût eft vineux ; il y en a qui font rouges dedans, & d'autres qui ne le font point : cela dépend de l'ancienneté de l'arbre : plus il eft vieux & dans des terres plus froides que chaudes, plus fon fruit eft rouge au dedans.

La *Calville blanche* eft une pomme qui eft blanche dehors & dedans : le goût en eft plus relevé que celuy de la rouge, ce qui fait qu'on l'eftime davanta-

ge : on l'appelle Calville blanche
à coſtes, afin de la diſtinguer
d'une autre, qui n'a pas cette
même bonté.

La *Pomme de Bardin* n'eſt Pomme de Bardin.
pas groſſe ; elle eſt griſe, & d'un
rouge brun, l'eau en eſt ſucrée,
& fort relevée : elle a même un
peu de muſc dans les terres légéres & chaudes lorſqu'on la
mange dans le veritable temps
qui eſt le mois de Decembre.

La *Pomme d'or* eſt d'une Pomme d'or.
moïenne groſſeur ; elle vient
d'Angleterre ; elle eſt un peu
plus longue que ronde, & jaune
comme de l'or : elle eſt tiquetée
de petits points de rouge ; ſon
eau eſt tres-ſucrée : elle a le goût
plus relevé que la *Reynetie* ; c'eſt
ce qui luy donne le mérite d'être
reconnuë pour une tres-excellente pomme.

D v

Pomme de
drap d'or.

La *Pomme de drap d'or* eſt groſſe : ſa pelure eſt ſemblable à du drap d'or, ce qui luy en a fait donner le nom ; elle a une bonne eau ; elle ſe mange vers Noël : quoy-qu'elle n'ait pas beaucoup d'eau, elle doit être miſe au nombre des bonnes pommes.

Pomme
d'Apy.

La *Pomme* d'*Apy* eſt ancienne, elle aura toûjours ſon mérite à cauſe de ſa couleur qui eſt rouge : ſon eau eſt douce & ſucrée, elle n'a point d'odeur : on s'en ſert à mettre au tour des plats à fruit ſur table ; elle eſt agreable à la veuë : les arbres ont cet avantage qu'ils chargent beaucoup & n'apprehendent point les grands vents. C'eſt pour cette raiſon que plus tard on les cueille, plus elles ſont belles en couleur.

LE CURIEUX.

Je suis presentement bien instruit, & des noms des bons fruits & de leur qualitez en toutes especes. Il me reste à sçavoir combien il me faut d'arbres nains pour les quarrez de mon jardin ; & ensuite vous me direz combien il en faudra avoir à haute tige.

CHAPITRE XI.

De la quantité d'Arbres en buisson, & en plein vent, qu'il faut avoir pour occuper les quarrez d'un jardin fruitier & potager de quatre arpens.

LE JARDINIER SOLIT.

J'AY fait voir dans la distribution de vos quatre arpens marquée dans vôtre dessein, que

D vj

cette terre eſt diviſée en ſeize quarrez ; que chacun des quarrez contient en longueur quinze toiſes & quatre pieds ; & de largeur neuf toiſes & quatre pieds : que les huit quarrez ſont deſtinez pour être employez en légumes neceſſaires pour une maiſon. Il faut maintenant vous marquer la quantité des arbres que vous ferez planter au tour de ces quarrez.

La diſtance que doivent avoir les poiriers & les pommiers autour de chaque quarré.

On plantera ſur leurs plattes bandes, des poiriers nains, & des pommiers greffez ſur paradis ; la diſtance des poiriers ſera de douze pieds, & l'on mettra un pommier entre deux. Suivant cette diſtance, il faudra au tour de chaque quarré vingt - deux poiriers & autant de pommiers, excepté les deux quarrez qui entourent le baſſin, où il n'en

faudra que vingt & un, à caufe
de la figure du quart de rond;
de forte que pour les huit quarrez il entrera cent foixante &
quatorze poiriers, & autant de
pommiers.

Ces huit quarrez ainfi plantez, il en refte huit autres : dont
les quatre premiers feront plantez de poiriers & de pommiers
autour, comme nous avons marqué ci-deffus : avec cette difference néanmoins, qu'on plantera
dans chaque quarré trois rangées
d'arbres à la même diftance de
douze pieds ; & ainfi dans chacun des quarrez il faudra quarante poiriers & autant de pommiers, à l'exception des deux
quarrez qui font autour du baffin ; de forte qu'il n'y entrera
que trente-huit poiriers, & la
même quantité de pommiers :

Suite du mê-
me fujet
pour quatre
quarrez.

& d'autant qu'il est à propos de remplir le terrein qui fait la figu-re du rond à cause du bassin, l'on mettra une caisse de figuier à chaque quart de rond. Pour ces quatre quarrez il faudra cent cinquante - six arbres & quatre caisses de figuiers.

Distance que doivent avoir les arbres à haute tige, & le nombre qu'il en faut pour les quatre quarrez.

A l'égard des quatre derniers quarrez, mon sentiment est de planter des arbres à haute tige autour de chaque quarré sur les plattes bandes à la distance de dix-sept pieds l'un de l'autre, & dans chacun desdits quarrez y planter encore deux rangées d'arbres à haute tige à la même distance de dix - sept pieds : le tout se monte à quatre-vingt-seize arbres à haute tige. On pourra mettre un groseillier en-tre deux arbres : ce fruit est utile pour les confitures.

Le Curieux.

Obligez-moy de me dire à quoy se monte le nombre des poiriers & pommiers nains, & combien il en faut de chaque espece, d'esté, d'automne & d'hyver.

Le Jardinier Solit.

Dans les douze quarrez il faut trois cens trente poiriers & autant de pommiers, qui font six cens soixante arbres nains ; & pour satisfaire entierement à vôtre demande touchant le nombre de chaque espece, en voicy une liste.

❧

⭐❀❀❀❀❀❀❀❀❀❀❀❀⭐

QUALITEZ DE POIRES
De chaque saison de l'année pour les trois cens trente Poiriers nains.

Poires d'Eté.

Treize sortes de poires d'esté.

LE petit Muscat....... 2.
La Suprême .... 2.
La Cuisse Madame........ 4.
Le Gros Blanquet .... 3.
La Poire à la Reyne ...... 4.
Le Bonchrétien musqué d'esté 2.
Le gros Rousselet de Reims. 8.
La Bergamotte d'été....... 2.
L'inconnu Chéneau .... 4.
La Robine .... 4.
Le Salveati.............. 2.
L'Orange rouge musquée.. 2.
La Cassolette............. 4.

Poiriers d'été, 43.

Poires d'Automne.

Le Meffire-Jean doré..... 3. *Dix-huit*
La Mouille-bouche ...... 4. *fortes de*
Le Beuré rouge dit d'Anjou. 10. *Poires d'au-*
La Verte-longue panachée. 6. *tomne.*
Le Satin.............. 4.
La Marquife.......... 12.
La Dauphine .... 4.
La Bergamotte de Crefane. 10.
La Merveille d'hyver ..... 6.
Le Beurré gris.......... 10.
La Meffire-Jean gris...... 3.
La Belliffime ou Vermillon. 2.
La Jaloufie .... 2.
La Bergamotte Suiffe ..... 4.
La Bergamotte d'Automne 8.
La Paftorale .... 3.
Le Sucré verd.......... 5.
Le Doyenné .... 4.

Poiriers d'Automne, 100.

Poires d'Hyver.

Quatorze
fortes de
Poires d'hy-
ver.

Le Bon-chrétien d'hyver .. 24.
La Virgouleufe .... 20.
Le Chaffery .... 23.
La S. Germain .... 20.
La Colmart .... 20.
L'Ambrette .... 18.
La Royale d'hyver .... 18.
Le Martin fec .... 12.
L'épine d'hyver .... 14.
La Roufseline .... 4.
L'Angelique de Bordeaux . 4.
Le Bezy de Chaumontel ... 4.
La Bergamotte de Pâques .. 4.
La Bergamotte de Soulers . 4.

Poiriers d'hyver,   189.

Diſtribution des trois cens trente Poiriers nains.

Quarante & un Poiriers
 d'eſté................ 41.
Cent Poiriers d'Automne. 100.
Cent quatre - vintg - neuf
 Poiriers d'hyver....... 189.

Arbres, 330.

Eſpeces de pommes greffées ſur Paradis.

Le gros Rambour .... 4.   *Dix ſortes de*
La Reynette franche...... 90. *pommes.*
La Reynette rouge .... 40.
La Calville rouge .... 36.
La Calville blanche .... 34.
Le Bardin .... 10.
La Pomme d'or .... 30.
L'Apy................... 20.

La Reynette grise .... 60.
Le drap d'or .... 6.

Arbr. nains fur Paradis,   330.

LE CURIEUX.

Je fuis bien fatisfait d'apprendre de vous les noms des Poiriers
& des Pommiers qu'il faut planter en arbres nains ; je voudrois
à prefent fçavoir le nombre de
chaque efpece de Pruniers & des
autres arbres à haute tige, qui
doivent être partagez dans les
quatre derniers quarrez.

LE JARDINIER SOLIT.

Nombre des Pruniers qui doivent être partagez dans les derniers quarrez. Dix-huit fortes de prunes.

Je vais vous le marquer, & je
ne feray mention que des bonnes
fortes de Prunes.

Le Damas de Tours noir hâtif. 2.
La Prune de Monfieur .... 2.
Le gros Damas blanc .... 2.

Arbres à haute tige. 93

La Diaprée .... 4.
La Mirabelle .... 3.
La Maugeron .... 3.
Le Damas d'Italie. ...... 3.
La Reine Claude .... 5.
La Sainte Catherine ..... 4.
La Royale .... 6.
Le Drap d'or .... 2.
Le Perdrigon violet .... 5.
Le Perdrigon blanc ...... 5.
L'Imperiale .... 4.
Le Damas musqué .... 2.
L'Abricottée .... 6.
La Dauphine .... 3.
Le Damas à la Perle ...... 2.

Pruniers à haute tige, 63.

Cerisier à longue queuë .. 6. *Nombre des*
Cerisier à courte queuë ... 8. *Arbres à*
Bigarreaux hatifs .... 3. *haute tige,*
Bigarreaux tardifs .... 3. *qui doivent*
Abricottier de la belle espe- *achever de*
remplir les

ce. y compris deux d'A-
bricottiers musquez .... 12.
Amandiers............... 1.

Arbres à haute tige, 33.

Si l'on desiroit que ce nombre d'arbres fust mis partie, en
Pruniers & partie en Poiriers, ou
Pommiers, pour lors il faudroit
y planter des Sauvageons à haute tige, & l'année d'aprés les
faire greffer de telle espece de
fruit qu'on voudroit avoir.

Ces arbres étant plantez, il
faudra au tour de chaque quarré y faire mettre des Verjus ou
du Chaffelas, & y faire faire un
treillage de quatre pieds & demi de hauteur pour palisser la
vigne.

LE CURIEUX.

Me voila fatisfait pour ce qui regarde les quarrez du Jardin, je vous prie de me dire combien il faut d'arbres nains, & à demi tige, pour être plantez en efpalier autour de mes murailles, & les qualitez de fruits qui conviennent à chaque expofition du Soleil.

CHAPITRE XII.

La quantité d'Arbres, tant nains qu'à demi tige, qu'il faut pour l'expofition du Soleil levant.

LE JARDINIER SOLIT.

J'AY dit dans le Chapitre des expofitions du Soleil, que celle du levant étoit la plus avantageufe pour y planter des pef- *Les Pefchers doivent etre préférez à tous autres fruits pour l'exposition du Soleil levant.*

chers préférablement aux Poiriers & à tous autres arbres. Cela estant, il faut considerer en premier lieu la longueur de la muraille ; je la suppose être de soixante & treize toises de long , & de neuf pieds de hauteur. Si donc on y plante des Peschers nains, à douze pieds l'un de l'autre, & un à demi tige entre deux, comme j'en suis d'avis, il y faudra trente-six Peschers nains, & trente - cinq à demy tige pour cette exposition.

LE CURIEUX.

Nombre des Peschers nains qu'il faut pour l'exposition du Soleil levant.

Dans cette quantité de Peschers combien en faudra-t-il d'espéces differentes ?

LE JARDINIER SOLIT.

Il faudra en mettre de dix-neuf sortes, sçavoir ;

l'Avant

L'Avant Pefche blanche... 1. *Pefchers*
L'Alberge jaune........... 1. *nains.*
La Pourprée hâive........ 2.
La Pefche de Troyes...... 2.
La Mignonne............. 2.
La Violette petite & groffe.. 2.
La Chanceliere........... 2.
La Magdelaine rouge...... 2.
La Magdelaine blanche.... 2.
La Bourdine............. 2.
La Royale................ 2.
L'Admirable............. 2.
La Perfique.............. 2.
L'Abricotée ou l'Admirable
   jaune................. 2.
Le Brugnon violet mufqué.. 2.
La Belle de Vitry......... 2.
La Nivette............... 2.
Le Pavie rouge de Pomponne 2.
La Violette tardive........ 2.

Arbres nains, 36.

E

LE CURIEUX.

Continuez, je vous prie de me dire quelles especes je mettray pour les trente-cinq arbres à demy tige.

LE JARDINIER SOLIT.

Mon sentiment est, que le nombre de vos trente-cinq arbres à demy tige soit composé de vingt-quatre Peschers, de six Abricotiers de la belle espece, y compris les deux qui sont musquez, & de cinq Pruniers, dont les Prunes soient les plus curieuses & les plus estimées en bonté.

Voicy les especes de Pesches pour les vingt-quatre Peschers à demy tige.

Noms des   La Chevreuse............ 3.
Pesches dont   La Royale............... 2.

La Perſique............... 2. *les arbres ſe-*
La Magdelaine blanche.... 2. *ront à demy*
La Pourprée hâtive........ 4. *tige.*
La Nivette............... 2.
La Mignonne............. 2.
L'Admirable............. 2.
La Belle-garde........... 2.
La Chanceliere........... 2.
La Peſche de Pau........ 1.

Arbres à demy tige, 24.

Six Abricotiers............ 6.

Cinq Pruniers dont voicy les noms.

Le Perdrigon blanc........ 1. *Noms*
La Royale................ 1. *des eſpeces*
La Reyne Claude.......... 1. *de Prunes*
Le Perdrigon violet........ 1. *pour les cinq*
La Dauphine............. 1. *arbres à de-*
                              my tige.

Arbres, 5.

E ij

LE CURIEUX.

Apprenez-moy je vous prie, l'arrangement qu'il faut faire en plantant les arbres de chaque espece de peschers, afin qu'il n'y ait point d'espace considerable à l'espalier où il n'y ait du fruit pendant la saison des Pesches.

LE JARDINIER SOLIT.

Pour bien faire cet arrangement, on suivra l'ordre que je donne.

L'ordre qu'-on doit ob-server en plantant les arbres nains & à demy tige.   Le premier arbre nain sera la Pesche Royale, & ensuite la Pesche abricotée ou Admirable jaune à demy tige.

Le deuxiéme arbre nain sera la Chevreuse, & ensuite la Royale à demy tige.

Le troisiéme arbre nain, sera l'Avant pesche blanche; & enſuite la Perſique à demy tige.

Le quatriéme arbre nain ſera l'Admirable & enſuite la Magdelaine blanche à demy tige.

Le cinquiéme arbre nain ſera la Pourprée hative, & enſuite la Chevreuſe à demy tige.

Le ſixiéme arbre nain ſera la Perſique, & enſuite la Pourprée hâtive à demy tige.

Le ſeptiéme arbre nain ſera l'Avant Peſche de Troyes, & enſuite la Nivette à demy tige.

Le huitiéme arbre nain ſera la Magdelaine blanche, & enſuite la Belle garde à demy tige.

Le neuviéme arbre nain ſera la Violette hative, & enſuite la Chanceliere à demy tige.

Le dixiéme arbre nain ſera la Nivette, & enſuite l'Admirable à demy tige.

L'onziéme arbre nain ſera la

E iij

Magdelaine blanche, & ensuite la Belle-garde à demy tige.

Le douziéme arbre nain sera la Magdelaine rouge, & ensuite la Mignonne à demy tige.

Le treiziéme arbre nain sera la Chanceliere, & ensuite l'Admirable à demy tige.

Le quatorziéme arbre nain sera le Pavie de Pomponne, & ensuite la Royale à demy tige.

Le quinziéme arbre nain sera la Bourdine , & ensuite la Persique à demy tige.

Le seiziéme arbre nain sera la Violette tardive, & ensuite la Magdelaine blanche à demy tige.

Le dix-septiéme arbre nain sera la Mignonne , & ensuite la Chevreuse à demy tige.

Le dix-huitiéme arbre nain sera le Brugnon violet, & ensuite la Pourprée hative à demy tige.

Le dix-neuviéme arbre nain
sera la Royale, & ensuite la Nivette à demy tige.

Le vingtiéme arbre nain sera
l'Abricotée, & ensuite la Mignonne à demy tige.

Le vingt & uniéme arbre nain
sera l'Alberge jaune, & ensuite
la Belle garde à demy tige.

Le vingt-deuxiéme arbre nain
sera l'Admirable, & ensuite la
Persique à demy tige.

Le vingt-troisiéme arbre nain
sera la Mignonne, & ensuite la
Chanceliere à demy tige.

Le vingt-quatriéme arbre nain *Fin des*
sera la Pourprée hâtive, & ensui- *pesch̃ers à*
te la Pesche de Pau à demy tige. *demy tige,*

Le vingt-cinquiéme arbre
nain sera la Persique, & ensuite
un Abricotier à demy tige.

Le vingt-sixiéme arbre nain

fera la Pefche de Troyes, & enfuite un Prunier de Perdrigon
violet à demy tige.

Le vingt-feptiéme arbre nain
fera la Belle de Vitry, & enfuite
un Abricotier à demy tige.

Le vingt-huitiéme arbre nain
fera la Magdeleine blanche, &
enfuite un prunier de la Prune
Royale à demy tige.

Le vingt-neuviéme arbre nain
fera la Nivette, & enfuite un
Abricotier à demy tige.

Le trentiéme arbre nain fera
la Violette hâtive, & enfuite un
Prunier de la Reyne Claude à
demy tige.

Le trente-uniéme arbre nain
fera la Magdelaine rouge, & enfuite un Abricotier à demy tige.

Le trente-deuxiéme arbre
nain fera la Chanceliere, & enfuite un Prunier de Perdrigon

violet à demy tige.

Le trente-troisiéme arbre nain sera le Pavie de Pomponne, & ensuite un Abricotier à demy tige.

Le trente-quatriéme arbre nain sera la Bourdine, & ensuite un Prunier de la Prune Dauphine à demy tige.

Le trente-cinquiéme arbre nain sera la Violette tardive, & ensuite un Abricotier à demy tige. *Fin des arbres à demy tige.*

Le trente-sixiéme arbre nain sera la Mignonne. *Fin des arbres nains.*

LE CURIEUX.

Rien n'est mieux ordonné pour avoir un Espalier tel que je le souhaite. Mais continuez, je vous prie, de me dire combien il me faut d'arbres, & leurs espéces pour l'exposition du Soleil du midy. E v

CHAPITRE XIII.

La quantité de Peschers, & leurs espéces pour l'exposition du Soleil du midy.

LE JARDINIER SOLIT.

Au Climat de Paris les Peschers réüssissent tres-bien à l'exposition du midy.

VOSTRE Jardin estant au climat de Paris, les Pesches réüssiront au Soleil du midy, suivant l'experience que j'en ay faite; c'est pourquoy vous y pouvez faire planter des Peschers nains de neuf pieds en neuf pieds; & au lieu d'arbres à demy tige, je vous conseille d'y mettre des ceps de raisins muscats & chasselas d'une tige de cinq pieds de hauteur, dont la pousse sera palissée en éventail de même que l'on fait à des Peschers à demy tige. J'en ay vû qui faisoient

un bel effet : de forte que pour
garnir vôtre muraille qui a quarante-huit toifes de longueur,
il faudra trente & un Pefchers
nains, & trente ceps de raifins,
fçavoir :

La Perfique . . . . 2.
La Violette hative . . . . 2.
L'Admirable . . . . 2.
La Nivette . . . . 2.
La Magdelaine blanche . . . . 2.
La Belle de Vitry . . . . 1.
L'Avant Pefche de Troyes . . 1.
La Bourdine . . . . 2.
La Pourprée hâtive . . . . 2.
La Magdelaine rouge . . . . . . 1.
La Chanceliere . . . . 2.
L'Alberge jaune . . . . 1.
La Belle-garde . . . . 2.
La Mignonne . . . . 2.
L'Abricotée ou l'Admirable
   jaune 2

Dix huit fortes de efpeces en arbres nains.

E vj

La Royale................ 2.
Le Brugnon violet........ 1.
L'Avant Pesche blanche... 1.
Le Pavie de Pomponne... 1.

Arbres nains, 31.

Voicy l'ordre qu'on doit obferver en plantant à l'expofition
du Soleil du midy les trente &
un arbres Pefchers nains, &
un cep de raifin entre deux arbres.

Cet arrange-
ment doit
étre mis en
pratique
pour les mê-
mes raifons
que nous
avons dit
dans le Cha-
pitre de
l'expofition
du Soleil
Levant.

Le premier arbre nain, fera la
Perfique, & enfuite un cep de
de raifin à demy tige.

Le deuxiéme arbre nain fera
la Violette hâtive, & enfuite un
cep de raifin à demy tige.

Le troifiéme arbre nain fera
la Nivette, & enfuite un cep de
raifin à demy tige.

Le quatriéme arbre nain fera

la Magdelaine blanche, & enfuite un cep de raifin à demy tige.

Le cinquiéme arbre nain fera
la Belle de Vitry, & enfuite un
cep de raifin à demy tige.

Le fixiéme arbre nain fera la
Pefche de Troyes, & enfuite un
cep de raifin à demy tige.

Le feptiéme arbre nain fera la
Bourdine, & enfuite un cep de
raifin à demy tige.

Le huitiéme arbre nain fera la
Pourprée hâtive, & enfuite un
cep de raifin à demy tige.

Le neuviéme arbre nain fera
la Chanceliere, & enfuite un
cep de raifin à demy tige.

Le dixiéme arbre nain fera
l'Alberge jaune, & enfuite un
cep de raifin à demy tige.

L'onziéme arbre nain fera la
Belle garde, & enfuite un cep de
raifin à demy tige.

Le douziéme arbre nain fera la Mignonne, & enfuite un cep de raifin à demy tige.

Le treifiéme arbre nain fera l'Abricotée ou l'Admirable jaune, & enfuite un cep de raifin à demy tige.

Le quatorziéme arbre nain fera la Royale, & enfuite un cep de raifin à demy tige.

Le quinziéme arbre nain fera l'Admirable, & enfuite un cep de raifin à demy tige.

Le feizéme arbre nain fera l'Avant Pefche blanche, & enfuite un cep de raifin à demy tige.

Le dix - feptiéme arbre nain fera le Brugnon violet, & enfuite un cep de raifin à demy tige.

Le dix - huitiéme arbre nain fera la Bourdine, & enfuite un cep de raifin à demy tige,

Le dix-neuviéme arbre nain
fera la Perfique, & enfuite un
cep de raifin à demy tige.

Le vingtiéme arbre nain fera
la Violette hâtive, & enfuite un
cep de raifin à demy tige.

Le vingt & uniéme arbre nain
fera la Nivette, & enfuite un
cep de raifin à demy tige.

Le vingt-deuxiéme arbre nain
fera la Magdelaine rouge, & enfuite un cep de raifin à demy
tige.

Le vingt-troifiéme arbre nain
fera l'Admirable, & enfuite un
cep de raifin à demy tige.

Le vingt-quatriéme arbre
nain fera la Pourprée hâtive ; &
enfuite un cep de raifin à demy
tige.

Le vingt-cinquiéme arbre
nain fera la Chanceliére, & enfuite un cep de raifin à demy
tige.

Le vingt-sixiéme arbre nain
fera la Mignonne, & enfuite un
cep de raifin à demy tige.

Le vingt-feptiéme arbre nain
fera le Pavie de Pomponne, &
enfuite un cep de raifin à demy
tige.

Le vingt-huitiéme arbre nain
fera l'Abricotée, & enfuite un
cep de raifin à demy tige.

Le vingt-neuviéme arbre nain
fera la Magdelaine blanche, &
enfuite un cep de raifin à demy
tige.

Le trentiéme arbre nain fera
la Belle-garde, & enfuite un cep
de raifin à demy-tige.

Le trente-uniéme arbre nain
fera la Royale, & enfuite un cep
de raifin à demy tige.

LE CURIEUX.

Me confeillez - vous de met-

tre plus de raisins muscats que
de chasselas ?

LE JARDINIER SOLIT.

Cela dépend uniquement de
vous, mon avis néanmoins est
que vous ayez plus de Chasselas que de Muscat ; ce dernier
est trop sujet à estre gâé par les
mouches & par les oiseaux ; de
p'us il a peine à meurir depuis le
deréglement des saisons : il n'en
est pas de même du Chasselas,
il meurit parfaitement bien, c'st
un beau & bon raisin, qui se
garde long-temps, & qui fait
honneur sur une table : il sera
bon de planter aussi deux ceps
de raisin de Corinthe, il est délicieux.

Les acci-
dens qui
arrivent
aux raisins
muscats.

Préferez le
raisin chas-
silas au
muscat,
quoyque ce
dernier soit
plus déli-
cieux

LE CURIEUX.

Je suis bien de vôtre avis pour

le Chaffelas : fuivons, je vous prie, nos expofitions. Pour le couchant, quel fruit me confeillez-vous d'y mettre ?

Le Jardinier Solit.

A l'expofi-
tion du cou-
chant, le
fruit eft plus
tardif de
huit ou dix
jours.

Quoyque l'exofition du Soleil couchant ne foit pas fi avantageufe que celle du levant, néanmoins elle n'eft pas d'ordinaire fi fujette à la gelée que celle du levant ; mais auffi le fruit en eft plus tardif de huit ou dix jours, ce qui n'eft pas un défaut. C'eft pour cette raifon, que je vous confeille d'y faire planter des Poiriers nains fur coignaffier ; des Pefchers à demy tige, des Abricotiers, & des Pruniers à demy tige.

CHAPITRE XIV.

Pour l'espalier exposé au Soleil couchant, quantité des especes de Poiriers, Peschers, Abricotiers & Pruniers.

LE JARDINIER SOLIT.

POur l'espalier du Soleil couchant, il faut trente-six arbres nains Poiriers qui seront plantez à douze pieds de distance l'un de l'autre, & un arbre à demy tige entre deux : sçavoir vingt-quatre Peschers à demy tige, six Abricotiers de la belle espece, & cinq Pruniers.

Nombre des Arbres pour le Soleil couchant.

Poiriers nains.

Le Rousselet de Reims .... 1.
La Bergamotte Suisse ...... 1.

Quatorze sortes d'espéces de poires pour les trente-six arbres.

La Bergamotte d'Automne . **4.**

La Bonne de Soulers . . . . **2.**

La Bergamotte de Cresane . **2.**

La Marquise . . . . **2.**

La Bergamotte de Pâques . . **4.**

La Virgouleuse . . . . **4.**

La S. Germain . . . . **2.**

Le Bezy de Chaffery . . . . . . **2.**

Le Bon-chrétien d'hyver . . . **6.**

Le Beurré gris . . . . **2.**

Le Colmart . . . . **2.**

La Rousseline . . . . **2.**

Arbres nains, 36.

Peschers à demy tige.

Neuf sortes de peschers pour les vingt qua tre arbres à demy tige

L'Admirable. . . . . **2.**

La Mignonne . . . . **2.**

La Nivette . . . . **4.**

La Pourprée hâtive . . . . **2.**

La Magdelaine rouge . . . . . . **2.**

La Chanceliere . . . . **3.**

Arb. pour l'exp. du Sol. couchant. 117

La Magdelaine blanche.... 2.

La Violette hâtive......... 2.

La Bourdine............... 3.

Peschers, 24.

Abricotiers à demy tige,

Six Abricotiers de la belle espece à demytige.

Abricotiers, 6.

Pruniers à demy tige.

La Diaprée............... 1. *Cinq sortes*

L'Impériale.............. 1. *de prunes*
                              pour être à
La Sainte Catherine....... 1. *demy tige*

L'Abricotée .... 1.

La Maugeron............. 1.

Pruniers, 5.

Obſervation tres utile pour l'expoſition du Soleil couchant.

Quand je vous conſeille de mettre des Peſchers à l'expoſition du Soleil couchant, mon ſentiment n'eſt pas d'en faire une maxime générale pour toutes ſortes de terres : car dans celles qui ſont plus humides, peſantes & froides, les Peſchers ne réüſſiroient pas, comme ils feroient dans une terre ſablonneuſe, graſſe, meuble, & d'autres qui ſont franches, & plus chaudes que froides ; comme auſſi dans celles qui ſont légéres & chaudes.

LE CURIEUX.

Selon vôtre ſentiment touchant les Peſchers, il me paroît qu'on pourroit pareillement conclurre que les Poiriers, Abricotiers, & Pruniers, ne réüſſiroient pas non plus à cette exposition, & qu'ainsi il seroit inutile d'y en planter.

LE JARDINIER SOLIT.

Il n'en est pas de même des Poiriers Abricotiers, & Pruniers que du Pescher dans ces sortes de terres : car la qualité des fruits de ces arbres se soutient mieux que celle de la Pesche, & quoiqu'ils n'ayent pas le goust si relevé que dans d'autres positions ; néanmoins ils ont leur mérite en ce qu'ils sont plus tardifs, & qu'on en mange dans le temps qu'il n'y en a plus de la même espéce.

L'on peut mettre à l'exposition du Soleil couchant des Poiriers, Abricotiers, & Pruniers dans des terres humides & froides.

LE CURIEUX.

Cette raison me paroit juste. Continuez, je vous prie, de me dire l'arrangement des arbres dont vous avez fait mention pour l'expofition du Soleil couchant.

LE JARDINIER SOLIT.

On doit obferver l'ordre fuivant en plantant les arbres nains Poiriers & Pefchers à demy tige au Soleil couchant.

Le premier arbre nain fera le Poirier Rouffelet, & enfuite le Pefcher Magdelaine rouge à demy tige.

Le deuxiéme fera la Bonne de Soulers, & enfuite la Bourdine à demy tige.

Le troifiéme fera la Bergamotte Suiffe, & enfuite l'Admirable à demy tige.

Le quatriéme fera le Bonchrétien d'hiver, & enfuite la Mignonne à demy tige.

Le cinquiéme fera la Bergamotte de Pâque, & enfuite

la

la Nivete à demy tige.

Le sixiéme sera la Marquise, & ensuite la Pourprée hâtive à demy tige.

Le septiéme sera la Virgouleuse, & ensuite la Chanceliere à demy tige.

Le huitiéme sera la S. Germain, & ensuite la Magdelaine blanche à demy tige.

Le neuviéme sera le Colmart, & ensuite l'Admirable à demy tige.

Le dixiéme sera la Bergamotte de Pâques, & ensuite la Bourdine à demy tige.

L'onziéme sera la Cresane, & ensuite la Nivette à demy tige.

Le douziéme sera le Bonchrétien d'hyver, & ensuite la Violette hâtive à demy tige.

Le treiziéme sera la Rousse-

F

line, & enfuite la Chanceliere à demy tige.

Le quatorziéme fera le Chaffery, & enfuite la Bourdine à demy tige.

Le quinziéme fera le Colmart, & enfuite la Magdelaine rouge à demy tige.

Le feiziéme fera la S. Germain, & enfuite la Mignonne à demy tige.

Le dix-feptiéme fera la Virgouleufe, & enfuite la Nivette à demy tige.

Le dix-huitiéme fera le Bonchrétien d'hyver, & enfuite la Pourprée hâtive à demy tige.

Le dix-neuviéme fera la Bergamotte de Pâques, & enfuite la Chanceliere à demy tige.

Le vingtiéme fera le Beurré gris, & enfuite la Magdelaine blanche à demy tige.

Le vingt-uniéme fera la Bergamotte d'Automne, & enfuite l'Admirable à demy tige.

Le vingt-deuxiéme fera le Bon-chrétien d'hyver, & enfuite la Mignonne à demy tige.

Le vingt-troifiéme fera le Beurré gris, & enfuite la Nivette à demy tige.

Le vingt-quatriéme fera la Virgouleufe, & enfuite la Violette hâtive à demy tige. *Fin des Pefihers à demy tige.*

Le vingt-cinquiéme fera la Bergamotte d'Automne, & enfuite un Abricotier à demy tige.

Le vingt-fixiéme fera la Marquife, & enfuite la Prune Diaprée à demy tige.

Le vingt-feptiéme fera la Bonne de Soulers, & enfuite un Abricotier à demy tige.

Le vingt-huitiéme fera le Bon-chrétien d'hyver, & enfuite un

Prunier de sainte Catherine à demy tige.

Le vingt-neuviéme sera la Bergamotte d'Automne, & enfuite un Abricotier a demy tige.

Le trentiéme sera la Virgouleufe, & enfuite un Prunier d'Imperiale à demy tige.

Le trente-uniéme sera le Bonchrétien d'hyver, & enfuite un Abricotier à demy tige.

Le trente-deuxiéme sera la Crefane, & enfuite un Prunier d'Abricotée à demy tige.

Le trente-troifiéme sera la Bergamotte de Pàques, & enfuite un Abricotier à demy tige.

Le trente-quatriéme sera la Rouffeline, & enfuite un Prunier de la Maugeron à demy tige.

Fin des arbres à demy tige. Le trente-cinquiéme sera le Chaffery, & enfuite un Abricotier à demy tige.

Le trente-sixiéme sera la Bergamotte d'Automne.

LE CURIEUX.

L'on m'a dit que les Poiriers en espaliers sont sujets aux Tigres, qui causent une maladie aux arbres : en sorte que le fruit n'en profite point, & qu'on est obligé de les faire arracher pour y mettre d'autres fruits.

LE JARDINIER SOLIT.

J'en conviens ; mais on ne vous a pas dit que ce mal soit universel, il y a bien des lieux où les Jardins ne sont point incommodez du Tigre. Car, par exemple, dans le voisinage de vôtre nouveau jardin les arbres n'en sont point attaquez, ainsi il n'y a rien qui doive faire

F iij

craindre d'y planter des Poiriers en espalier.

LE CURIEUX.

Cela étant, je n'ay qu'à suivre vôtre Plant : venons maintenant à l'exposition du Nord.

CHAPITRE XV.

Des especes de fruits pour un Espalier à l'exposition du Nord: & du nombre des arbres nains & à demy tige.

LE JARDINIER SOLIT.

JE vous ay fait voir que l'Exposition du Nord est la moindre de toutes pour les fruits : cependant il y en a d'une certaine qualité, qui peuvent y réüssir, comme Poires, Prunes, Abricots & Verjus. Mais je vous con-

feille de n'y mettre que de deux
fortes de fruits ; à fçavoir, la Poire & la Prune : à la verité elles
n'auront pas toutes les qualitez
qu'elles auroient étant au Soleil
levant, ou au couchant, mais
elles ne laifferont pas de meurir
& d'avoir leur mérite.

C'eft pour cette raifon, que
je vous confeille d'y planter des
Poiriers nains, & des Poiriers
& Pruniers à demy tige, fçavoir ;

Poiriers nains . . . . 31.
Poiriers à demy tige . . . . 15.
Pruniers à demy tige . . . . . . 15.

Arbres, 61.

✿❀❀

F iiij

Poiriers nains.

Neuf fortes de Poires.	Le Milan d'Esté, *ou* Bergamotte d'Esté .... 3.
	Le Rousselet de Reims ... 3.
	Le Beurré gris 6
	Le Sucré verd .... 3.
	La Bergamotte d'Automne. 6.
	La Virgouleuse .... 4.
	La S. Germain .... 2.
	La Marquise .... 2.
	Le Messire-Jean doré ..... 2.

Arbres nains, 31.

Poiriers à demy tige.

Huit fortes de Poires.	La Cresane .... 2.
	La Dauphine .... 2.
	La Jalousie .... 1.
	L'Ambrette .... 2.
	Le Martin sec .... 2.

Le Colmart .... 2.
Le Chaffery .... 2.
La Virgouleufe .... 2.

Poiriers à demy tige, 15.

Pruniers à demy tige.

La Prune de Monfieur ..... 2. *Sept fortes*
La Mirabelle .... 2. *de Prunes,*
Le Perdrigon violet ...... 2.
Le Perdrigon blanc .... 2.
L'Imperiale .... 3.
La Reyne Claude .... 2.
La Royale .... 2.

Pruniers à demy tige, 15.

Le Curieux.

Continuez, je vous prie, comme vous avez fait aux autres expofitions pour l'arrangement de chaque efpece.

F v

De l'ordre qu'on doit observer en plantant les Poiriers nains, & ceux à demy tige pour l'exposition du Nord.

LE JARDINIER SOLIT.

Les arbres nains seront plantez à neuf pieds de distance.

ON plantera les arbres aux Places qui leur sont destinées à neuf pieds de distance pour les arbres nains, & on en mettra un à demy tige entre deux.

Le premier arbre nain sera le Milan d'Esté, ou Bergamotte d'Esté, & ensuite la Cresane à demy tige.

Le deuxiéme sera la Bergamotte d'Automne, & ensuite la Prune de Monsieur à demy tige.

Le troisiéme sera le Sucré-verd, & ensuite la Dauphine ou Franchipane à demy tige.

Le quatriéme sera la Virgouleufe, & enfuite la Mirabelle à demy tige.

Le cinquiéme fera le Rouffe-let de Reims, & enfuite la Ja-loufie à demy tige.

Le fixiéme fera la S. Ger-main, & enfuite l'Imperiale à demy tige.

Le feptiéme fera le Beurré gris, & enfuite l'Ambrette à demy tige.

Le huitiéme fera la Virgou-leufe, & enfuite le Perdrigon blanc à demy tige.

Le neuviéme fera le Meffire-Jean, & enfuite le Martin fec à demy tige.

Le dixiéme fera la Bergamot-te d'Automne, & enfuite le Per-drigon violet à demy tige.

L'onziéme fera la Bergamot-te d'Efté, & enfuite le Colmart à demy tige.

F vj

Le douziéme fera la Bergamotte d'Automne, & enfuite la
Reyne Claude à demy tige.

Le treiziéme fera le Sucré-
verd, & enfuite le Chaffery à
demy tige.

Le quatorziéme fera le Rouffelet de Reims, & enfuite la
Prune Royale à demy tige.

Le quinziéme fera la S. Germain, & enfuite la Virgouleufe
à demy tige.

Le fci ziéme fera le Beurré gris
& enfuite la Prune de Monfieur
à demy tige.

Le dix - feptiéme fera la Bergamotte d'Automne, & enfuite
la Crefane à demy tige.

Le dix-huitiéme fera la Marquife, & enfuite la Mirabelle à
demy tige.

Le dix-neuviéme fera le Beurré gris, & enfuite la Dauphine

ou Franchipane à demy tige.

Le vingtiéme fera le Sucré-verd, & enfuite l'Imperiale à demy tige.

Le vingt-uniéme fera la Virgouleufe, & enfuite l'Ambrette à demy tige.

Le vingt-deuxiéme fera le Meffire-Jean, & enfuite le Perdrigon blanc à demy tige.

Le vingt-troifiéme fera le Beurré gris, & enfuite le Martin fec à demy tige.

Le vingt-quatriéme fera la Bergamotte d'Automne, & enfuite la Reyne Claude à demy-tige.

Le vingt-cinquiéme fera la Bergamotte d'Efté, & enfuite le Colmart à demy tige.

Le vingtfixiéme fera le Beurré gris, & enfuite le Perdrigon blanc à demy-tige.

Le vingt-septiéme sera le Rousselet de Reims, & ensuite le Chassery à demy tige.

Le vingt-huitiéme sera la Bergamotte d'Automne, & ensuite la Prune Royale à demy tige.

Le vingt-neuviéme sera le Beurré gris, & ensuite la Virgouleuse à demy tige.

Le trentiéme sera la Marquise, & ensuite la Prune Royale à demy tige.

Le trente-uniéme sera la Virgouleuse.

LE CURIEUX.

Faites-moy connoître je vous prie, le total de tous les arbres necessaires pour mon nouveau Jardin.

*Estat general de tous les Arbres,
tant en pepins qu'en noyaux pour
un Jardin de quatre arpens.*

LE JARDINIER SOLIT.

POiriers nains en buisson
pour les deux espaliers
du couchant & du
Nord montent à ..... 397.

Poiriers à demy tige pour
l'exposition du Nord,
montent à 15,

Pommiers sur Paradis en
Buisson, montent à .... 330.

Peschers nains pour l'ex-
position du Soleil levant
montent à 36,

Peschers à demy tige pour
l'exposition du Soleil
levant & du couchant
montent à .... 48.

Peschers nains pour l'ex-

position du midy, mon-
tent à . . . . 31.

Pruniers à demy tige pour
les espaliers, montent à 25.

Pruniers à haute tige en
plein vent, montent à 63.

Cerisiers de deux differentes especes, montent à . . 14.

Bigarrottiers hâtifs & tardifs, montent à . . . . 6.

Abricotiers à haute tige
en plein vent, montent
à . . . . 12.

Plus, Abricotiers à demy
tige pour les deux espa-
liers à l'exposition du levant & du couchant,
montent à . . . . 12.

Un Amandier . . . . 1.
_____

Total des arbres, 990.
Le total monte à neuf cens
quatre-vingts - dix arbres : c'est

un nombre raisonnable pour avoir des fruits à chaque saison pendant toute l'année.

Il sera bon d'avoir un Meurier dans un coin de la Cour, le fruit en est agréable.

Je vous conseille aussi d'avoir plusieurs caisses de Figuiers, le fruit en est délicieux.

LE CURIEUX.

Il est à present question d'acheter les arbres, mais je ne m'y connois pas ; apprenez - moy je vous prie à les connoître, afin de n'y pas être trompé.

CHAPITRE XVI.

Avis pour avoir de bons arbres, & de bonnes especes : & pour connoistre la qualité de la terre propre aux Poiriers greffez sur franc, ou sur coignassier.

LE JARDINIER SOLIT.

Les qualitez que doit avoir un arbre pour être bien conditionné.

AFIN que vous ne soyez pas trompé à vos Arbres, il faut qu'ils soient d'une bonne qualité; c'est-à-dire, qu'ils soient d'une belle venuë, que l'écorce en soit claire & nette, qu'ils ayent de bonnes racines ; cela se rencontrant, on peut dire que tels arbres sont bien condition-nez.

Et pour n'être pas trompé aux especes, il les faut achetter chez des personnnes qui ayent la répu-

tation de donner fidelement les
efpeces de fruits, qu'on leur demande.

LE CURIEUX.

Suivant la connoiffance que
vous me donnez pour choifir
un arbre bien conditionné, &
pour n'être pas trompé aux efpeces, il faut que vous m'indi-
quiez à qui je pourray m'adref-
fer ; car je fçay qu'il y a des
marchands d'arbres en divers
endroits ; mais fçavoir s'ils tiennent un bon ordre dans leurs
Pepiniéres, s'ils ont une exactitude à donner les efpéces qu'on
leur demande, c'eft ce que je ne
fçay point : cependant il en peut
arriver un fort grand inconvenient, qui eft d'avoir une efpéce pour une autre, & en ce cas
l'on a un vray chagrin.

LE JARDINIER SOLIT.

Sans le bon ordre & les bons fruits dans les Pépiniéres les marchands ne peuvent s'acquerir une bonne reputation.

Excuse de quelques marchands d'arbres quand on se plaint de ce qu'ils n'ont pas donné l'espece d'arbre qu'on leur avoit demandé.

Je vous avouë, que c'est un de mes étonnemens, que plusieurs de ces marchands s'acquiérent si peu de réputation ; car je suis persuadé, que pour peu qu'ils voulussent se donner de peine & de soin, de mettre l'ordre aux espéces des bons fruits dans leurs Pepinieres, & avoir la fidélité de donner celles qu'on leur demande, ils passeroient pour gens d'honneur : mais les uns disent, si je donne un Poirier pour un autre, je ne change point la nature du fruit, c'est toûjours un Poirier, ainsi je ne prétends point que ce soit tromper ; d'autres disent, si nous donnons une espéce pour une autre qu'on nous demande, ce n'est pas de propos déliberé que

nous le faifons ; nous fommes
obligez d'aller , (difent - ils,)
querir des Greffes pour greffer
nos Pépiniéres chez nos amis ,
qui font Jardiniers comme nous ;
il nous affûrent que les greffes
qu'ils nous donnent, font les efpéces que nous leur deman-
dons : Si donc le contraire arrive, ce n'eft pas nôtre faute.
Voilà ce que je leur ay enten-
du dire : mais cela ne contente pas un Curieux, qui fe voit
trompé.

LE CURIEUX.

Pour ne point tomber dans
ce cas, je me fouviens que vous
m'avez dit qu'il falloit acheter
les arbres chez des perfonnes
dont la reputation foit bien connuë & bien établie pour la fidelité des efpéces. Vous me ferez

plaifir de me les indiquer ; j'ayme mieux les payer davantage, & n'eftre pas trompé.

LE JARDINIER SOLLT.

Le moïen d'avoir de bons arbres, & de bons fruits, c'eft de ne fe point mettre en peine du prix.

Vous prenez le parti d'un homme de bon efprit ; c'eft le moïen d'avoir un beau plant, fans craindre de perdre trois ou quatre années, ce qui arrive lorfque vous ne recueillez pas le fruit tel que vous l'efperiez.

Les beaux arbres, les bons fruits & les plus curieux ; le bel ordre qui doit être dans les Pépiniéres fe trouvent chez les R. P. Char- treux de Paris.

Pour éviter ce fâcheux incon- venient, je puis vous dire avec toute la certitude poffible, que je ne connois point de gens qui ayent des arbres mieux condi- tionnez, tant pour leurs qualitez que pour leurs efpéces, que les R. P. Chartreux de Paris. L'or- dre eft admirablement bien ob- fervé dans leurs Pépiniéres, les efpéces font parfaitement bien diftinguées les unes des autres, tant en pepins qu'en noyaux : l'exactitude y eft pratiquée avec tant de foin, qu'il eft impoffible de s'y méprendre pour quelque efpéce de fruits qu'on puiffe defirer, & des plus exquis. C'eft la raifon pourquoy ils en ont un debit confiderable. Ils en envoyent dans les Païs Etrangers, & même jufqu'en Pologne : l'on en eft parfaitement content, mais particulierement quand on voit le fruit fur les arbres : car pour lors on n'a aucun regret de les avoir payez quinze fols, qui eft le prix reglé, & tres-fouvent on écrit des lettres de remercîment au Frere qui a l'intendance de leur Jardin. C'eft une verité que je vous puis certifier, j'en ay une parfaite connoiffance.

La reputation des bons arbres, & des bons fruits qui font dans les Pépinières des R. P. Chartreux, s'étend jufques dans les Païs étrangers.

Le Curieux.

Je vous rends mille graces de m'avoir indiqué cet endroit des R. P. Chartreux, cependant quelques Marchands d'arbres soûtiennent que les Chartreux de Paris ne font pas plus fideles qu'eux ; c'eſt ce que je n'ay jamais pû croire, & ce que vous venez de m'en dire confirme l'eſtime que j'ay de leur fidelité.

Le Jardinier Solit.

Quoique quelques perſonnes diſent que les Chartreux trompent en fait d'arbres,

Il eſt vray qu'il y a des gens qui diſent que les Char reux de Paris trompent comme les autres en ce qu'ils achétent, (diſent-ils,) des arbres quatre ou cinq ſols, & les revendent quinze ſols. Vous jugez bien que ce n'eſt qu'une pure médiſance, puiſqu'il y a toûjours ſept ou huit mille

mille pieds d'arbres dans leurs
Pépinieres, qu'ils entretiennent
d'une année à l'autre.

LE CURIEUX.

Ce seroit leur faire une inju-
stice d'avoir cette pensée. Tous
les honnêtes gens ont trop d'e-
stime pour eux, pour croire qu'ils
fussent capables de faire un tel
commerce. La verité étant plus
forte que le mensonge, je publie-
ray par tout que tel discours est
indigne d'un honnête homme.

LE JARDINIER SOLIT.

Tous les gens d'honneur sont
de vôtre sentiment ; mais il faut
vous dire l'infidelité de quelques
Jardiniers qui auront pû donner
lieu à cette médisance ; elle mérite bien que je vous en fasse le
recit : voicy le fait.

G

*cette médi-
sance n'est
pas capable
de ternir
leur bonne
réputation.*

*Sentiment
obligeant
que les hon-
nêtes gens
ont des
Chartreux
au sujet de
la vente de
leurs arbres.*

Un honnête homme envoya un jour son Jardinier aux Chartreux pour y avoir trois ou quatre douzaines d'arbres ; ce Jardinier, que dailleurs son Maître croyoit fidelle, au lieu d'y aller, fut au Fauxbourg S. Jacques en acheter d'un Marchand d'Orleans moyennant le prix de quatre ou cinq sols le pied. Il prit la précaution de prendre le chemin de la ruë d'Enfer, où demeurent les Chartreux ; mais par malheur pour luy il fut rencontré dans cette ruë par un des amis de son Maître, qui luy demanda d'où il venoit d'acheter ces arbres : il luy dit d'un ton assûré qu'il venoit de les prendre chez les Chartreux. Cet amy qui alloit voir le Frere Chartreux qui les vend, s'informa de la chose ; mais il fut bien surpris d'ap-

qui luy avoit rendu service pour
le faire entrer dans la condition
où il étoit. Le Frere Chartreux
ayant été averti de cette infidelité, l'envoya chercher, & il luy
fit la reprimande qu'il méritoit ;
il l'obligea d'aller déclarer à la
Dame qu'il n'avoit pas acheté
les Peschers aux Chartreux, &
qu'il les avoit pris à Vitry ; qu'ils
ne luy coûtoient que huit sols
le pied, & de luy rendre le reste
de son argent. Cela fut ainsi exe-
cuté ; car cette Dame envoya dire au Frere Chartreux qu'elle
étoit contente de la satisfaction
que le Jardinier de M.... luy
avoit faite, qu'il luy avoit rendu
le reste de son argent, & qu'il luy
avoit déclaré qu'il les avoit achetez à Vitry.

 Il faut vous dire encore l'infidelité d'un autre Jardinier à qui

Satisfaction que le Frere Chartreux a fait faire à une Dame qui avoit été trompée par un Jardinier en fait d'arbres.

Autre infidelité sur le même sujet.

fon Maître avoit donné ordre
d'aller chez les R. P. Chartreux
acheter un nombre confiderable d'arbres. Cet homme ne prit
chez les Chartreux que la moitié du nombre qu'on luy avoit
marqué, & pour l'autre moitié,
il la fut acheter chez des Marchands qui ne luy vendirent ces
arbres que quatre fols le pied ; il
foûtint cependant à fon Maiftre
qu'il les avoit achetez tous chez
les R. P. Chartreux.

Toutes ces infidelitez ont
donné lieu de dire que les Chartreux trompent comme les autres, lors principalement que la
mauvaife foy de ces Jardiniers
intereflez ne s'eft pas découverte.

Le Curieux.

Je profiteray de ces bons avis,

& je ne manqueray pas d'aller moy-même acheter les arbres, dont j'ay besoin.

LE JARDINIER SOLIT.

Vous ferez tres-bien, je le conseille à mes amis, & quand ils me croyent, ils ne s'en repentent pas.

LE CURIEUX.

N'avez-vous point encore quelque avis à me donner au sujet des arbres dont j'ay besoin pour faire mon Plant ?

LE JARDINIER SOLIT.

Oüy, il m'en reste encore un à vous donner qui me paroît tres important : c'est de ne jamais acheter des arbres sans connoître la qualité de la terre où l'on veut les planter, pour sçavoir si elle

Il faut connoître la qualité de la terre, où l'on veut faire un plant avant

G iiij

que d'ache-
ter des ar-
bres, afin de
sçavoir s'il
faut qu'ils
soient gref-
fez sur coi-
gnassier, ou
sur franc.

demande des Poiriers greffez sur coignassier ou sur franc : car il y a des terreins où les Poiriers sur coignassier ne réüssissent pas, ils ne font que languir & meurent : au lieu que les Poiriers greffez sur franc y font des merveilles. Il y a d'autres terres où le Poirier sur coignassier fait tres-bien, & où le franc ne pousse qu'en bois, & ne donne du fruit que rare-ment : telle est vôtre terre.

Suite du
même sujet
pour les Pes
chers.

Il en est de même du Pescher greffé sur Amandier, ou sur Pru-nier : par exemple dans les ter-res chaudes & légéres, telle qu'-est la vôtre ; comme aussi dans

Raison pour
quoy le Pes
cher ne réüs
sit pas dans
les terres lé-
géres, gref-
fé sur Pru-
nier.

les terres franches qui sont plus chaudes que froides, l'Amandier fait parfaitement bien, & le Pes-cher sur Prunier y periroit. La raison est que la séve du Prunier dans les terres légéres n'est pas affez abondante pour nourrir la greffe du Pefcher, qui poufle beaucoup en bois; mais dans les terres humides & pefantes, le Pefcher greffé fur Prunier fera des merveilles, & s'il eft greffé fur Amandier, il ne fera que languir & perira bientôt.

Dans les terres humides, le Pefcher greffé fur Prunier réuffit, & fur Aman-dier il ne fait que languir.

LE CURIEUX.

Ces précautions étant prifes, apprenez-moy encore je vous prie, ce qu'il faudroit faire dans le cas fuivant. Si l'on m'envoyoit, dans une caifle, des païs étrangers des arbres qui euffent efté long-temps en chemin, & qu'a-présles avoir receus, la terre ne fe trouvaft pas en état de les pou-voir planter à caufe de la gelée, comment pourrois-je faire pour les conferver jufqu'au dégel?

G v

LE JARDINIER SOLIT.

Il y a deux précautions à prendre : 1º Ayant receu vos arbres,
que je suppose vous avoir été en-
voyez dans une caisse, avec de la
mousse autour des racines (car
c'est ce qu'il faut toûjours faire
observer en pareil cas) il faudra
mettre la caisse dans une cave
jusqu'à ce que la terre soit en
état de les y planter.

2º La terre estant entierement dégelée, l'on ôtera les arbres de la caisse, & l'on taillera
les racines de la maniere dont je
l'explique cy-aprés. Ensuite l'on
mettra tremper les racines dans
de l'eau une journée, & l'on les
plantera conformément à la methode dont je fais mention cy
aprés : je vous puis asseurer qu'il
n'en manquera aucun, quand

Chap.
XVII.
1º Observ.

Chap.
XVII.

même les arbres feroient hors de
terre depuis trois ou quatre mois.

Je me fouviens à propos de
cela, qu'il y a plus de vingt-cinq
ans qu'on me fit prefent d'une
douzaine de Jafmins d'Efpagne
venans de Genes, gros chacun
comme le doigt : quand on me
les apporta ils eftoient d'une fi
grande fechereffe, qu'ils étoient
plus propres à brûler qu'à eftre
plantez. Il me vint en penfée de
les mettre tremper dans de l'eau
l'efpace de fept ou huit jours, &
je les plantay enfuite au hazard
dans des pots. Je puis vous affeurer (autant qu'il m'en fouvient)
que des douze il n'en manqua
que deux, & les dix autres pouf-
férent auffi-bien que s'ils n'a-
voient point été fecs.

Je crois qu'il en feroit de même des Orangers, mais comme

je ne l'ay point experimenté, je ne vous en affûre point.

LE CURIEUX.

Ces deux obfervations me paroiffent bien fingulieres, & vous m'avez fait un vray plaifir de m'en apprendre la pratique. Il ne me refte plus qu'à vous demander ce que vous penfez fur la maniere de difpofer les arbres pour les planter, & fur le temps auquel on les plante.

CHAPITRE XVIII.

Le temps & la maniere de planter les arbres en buiffon.

LE JARDINIER SOLIT.

Le temps de planter les arbres dans les terres légéres & chaudes.

IL y a deux faifons pour planter ; l'Automne & le commencement du mois de Mars.

Dans les terres légéres & chaudes, comme auffi dans celles qui ne font ni froides, ni humides, on doit planter vers le vingtiéme d'Octobre, & pendant tout le mois de Novembre : c'eft le temps auquel les feüilles jauniffent. La terre ayant encore un peu de chaleur, elle fe communique aux racines, leur fait pouffer du chevelu, & de nouveaux filaments, ce qui eft une préparation aux arbres nouvellement plantez, pour pouffer vigoureufement au Printemps. Que s'il arrive de grandes fechereffes au Printemps, il les faudra arrofer par deffus le fumier de tems à autre.

Raifon pourquoy il eft avantageux de planter de bonne heure les arbres,

Arrofer au Printemps les arbres nouvellement plantez.

LE CURIEUX.

Mais fi cette qualité de terre n'étoit pas preparée, & qu'elle ne le pût être que dans le mois de Mars ; faudroit-il differer à l'année fuivante pour planter ?

LE JARDINIER SOLIT.

Non, il ne faudroit pas laiffer de planter dans cette faifon, (je dis dans les terres légéres) j'en ay l'experience , & les arbres ont bien reüffi. Il eft vray qu'ils ne firent pas une pouffe, comme s'ils avoient été plantez en Automne ; ils ne laifférent pas néanmoins de faire leur devoir, & de quatre-vingt-dix pieds d'arbres que je fis planter au quatriéme Avril, il n'en manqua pas un feul.

LE CURIEUX.

N'aviez-vous poinr pris quelque précaution pour y bien réüffir ?

LE JARDINIER SOLIT.

Oüy, je lesfis arracher environ quinze jours avant que de les faire planter, pour retarder la pousse de la féve & je les fis mettre en terre, jusqu'à ce que la terre fût foüillée.

Précaution qu'on doit prendre quand on plante tard dans les terres légéres.

LE CURIEUX.

La précaution étoit bonne : continuez, je vous prie, à m'instruire pour la saison du Printemps.

LE JARDINIER SOLIT.

Le veritable temps de planter dans les terres humides, pesantes & froides, (comme je vous ay dit) est le commencement du mois de Mars & d'Avril. La raison est que la terre étant un peu dessechée, & commençant à s'é-

Raison pour quoy l'on ne plante les arbres dans les terres humides & pesantes qu'au Printemps.

Raison pour quoy il ne faut jamais planter les arbres en Automne dans les terres humides. chauffer, les racines des arbres ne risquent pas de perir: il ne faut jamais planter en Automne dans ces sortes de terre ; car les racines se gâteroient entierement, à cause de la fraîcheur & de l'humidité de la terre.

LE CURIEUX.

Aprés m'avoir fait connoître la conséquence de ne planter les arbres dans les terres humides qu'au Printemps, & dans les terres légéres que dans l'Automne. Je vous demande à présent la Methode de bien planter les arbres en buisson.

LE JARDINIER SOLIT.

Pour planter utilement les arbres en buisson, suivant l'experience que j'en ay, il y a 7. observations à mettre en pratique.

La premiere eſt, qu'il faut toûjours planter par un beau tems & ſec, afin que la terre ſoit meuble ; couper la tige de l'arbre à ſept ou huit pouces au-deſſus de la greffe, & tailler des racines environ la moitié de leur longueur & la chevelure de même.

2. L'arbre étant ainſi diſpoſé, l'on poſera un cordeau au mi- lieu de la platte-bande où l'on veut planter, afin que les arbres y ſoient plantez en ligne droite, à la diſtance que je vous ay marquée ; ſçavoir, à douze pieds l'un de l'autre, & un Pommier ſur paradis entre deux. Vôtre terre ayant été foüillée de trois pieds de profondeur, il n'eſt pas beſoin d'y faire un grand trou, puiſque quatre coups de beſche en feront un ſuffiſant pour y planter un arbre en buiſſon.

Troifiéme obfervation,

3. Il faut que la coupe de l'arbre foit tournée du côté du Nord en le plantant.

Quatriéme obfervation,

4. Les arbres ne doivent pas être mis bien avant en terre : car comme on fuppofe qu'elle a efté nouvellement foüillée, elle viendra à s'affaiffer, & ainfi les arbres fe trouveront environ à un pied en terre ; ce qui eft la regle generale pour qu'un arbre foit bien planté.

Cinquiéme obfervation.

5. Il faut bien étendre les racines de l'arbre de part & d'autre, & mettre de la terre deffus les racines avec la main, afin de bien remplir les vuides:& quand toutes les racines feront couvertes de terre avec la main, l'on fe fervira de la befche pour achever de remplir le trou.

Sixiéme obfervation.

6. Il faut que la greffe foit toûjours au-deffus de la terre de

deux ou trois pouces au plus: *Avis tres-*
car si la greffe étoit enterrée, ce- *important.*
la pourroit faire perir les arbres
en leur faisant pousser du franc.

7. Aprés que les arbres feront *Septiéme*
ainsi plantez, il faut faire mettre *observation.*
deux ou trois hottées de fumier
au pied par dessus la terre, & en
faire un quarré au tour du pied
de l'arbre; & cela pour deux rai- *Raison pour-*
fons. La premiere est, que le fu- *quoy il faut*
mettre du
mier conferve la fraîcheur des *fumier fur*
racines contre la grande cha- *la terre au*
leur de l'esté. La feconde est, *pied de l'ar-*
bre.
que quand les pluyes arrivent, elles arrosent ce fumier, & en font
fondre fur les racines les fels *Raison pour*
qui donnent vigueur aux arbres *quoy il est*
dangereux
pour la végétation. *de l.bourer*
Il est à remarquer quil ne faut *pendant*
point labourer les arbres l'année *l'année un*
arbre nou-
qu'ils ont esté plantez, ceux *vellement*
qui le feroient empêcheroient *planté.*

les racines de se bien lier avec
la terre ; & de plus ils risque-
roient de couper les racines avec
la besche, & les éventeroient, ce
qui causeroit une langueur aux
arbres.

LE CURIEUX.

Dans vôtre premiere Observation, vous dites, ce me semble,
qu'il faut couper la tige de l'arbre avant que de le planter. Cependant le Jardinier de M....
quand il a plan é un arbre en
Automne, ne coupe la tige qu'au
mois de Mars, afin (dit-il) de
garentir l'arbre de la gelée d'hyver. Qu'en pensez-vous ?

LE JARDINIER SOLIT.

Je n'approuve point qu'on dif-
fére au mois de Mars à couper
la tige d'un arbre planté en Au-

au mois de Mars à couper la tige, me font d'une grande inftru-
ction, j'en conçois bien la confe-
quence. Il me refte encore une
chofe à fçavoir : Vous dites dans
la feptiéme obfervation de mettre du fumier au pied de l'arbre,
mais fi la commodité du fumier
manquoit, que faudroit-il faire ?

LE JARDINIER SOLIT.

Il faudroit y mettre une herbe qui fe nomme la Fougere au
lieu de fumier : finon, dans le
tems que vos jeunes plants ont
befoin d'eau, faire un petit baffin au pied de chaque arbre, &
les arrofer pendant la grande fé-
chereffe, comme il arrive ordinairement au mois d'Avril, de
May, & de Juin. Il ne faut pas
manquer à cela, non plus qu'à
recouvrir enfuite le baffin ; car

Ce qu'il faut faire quand on n'a point de fumier pour mettre aux pieds des arbres.

Avis important à mettre en prati: que.

le hâle feroit fendre la terre, &
le Soleil penetrant dans les fentes desſécheroit les racines ; ce
qui feroit jaunir & languir les
arbres.

Le Curieux.

C'eſt ce que j'ay veu en effet
ces jours paſſés dans le Jardin
de M... où le hâle avoit fendu
la terre au pied des arbres qui
étoient tous languiſſans ; je ne
doute plus de la cauſe de cette
maladie aprés ce que vous venez
de me dire. Cette methode ſera
tres-utile aux Curieux pour les
empêcher de tomber en de pareils inconveniens.

Il me vient en penſée de vous
demander une choſe : ſuppoſé
qu'on eût mis en pratique ces
ſept obſervations pour bien
planter un arbre en buiſſon, qui
auroit

auroit toutes les qualitez pour bien pouſſer : s'il arrivoit cependant aprés cela que cet arbre ne pouſlât aucun jet ; quelle pourroit en eſtre la cauſe ?

LE JARDINIER SOLIT.

Aprés avoir mis en pratique les ſept obſervations précédentes , & avoir planté cet arbre dans un auſſi bon terrein que le voſtre ; la cauſe de ſa mort ne peut venir que de quelque ver qui s'eſt engendré dans les racines, ou dans la tige , & qui arreſte la ſéve. L'experience m'a appris que l'on peut ſauver l'arbre quand on découvre l'endroit où eſt le ver : il faut donc obſerver quand un arbre décline de jour à autre , que c'eſt une marque qu'il y a quelques vers autour des racines , ou entre

H

le bois & l'écorce. J'en ay vû qui étoient à peu-prés gros comme le petit doigt, & qui auroient fait mourir l'arbre, si je ne les avois pas ôtez ; sitôst que je l'eus fait, l'arbre reprit sa premiere vigueur, de même que s'il n'avoit point esté incommodé.

LE CURIEUX.

Je comprends bien qu'il est absolument nécessaire de faire la guerre à ces animaux pour sauver un arbre.

Continuez je vous prie, de m'apprendre la methode de planter les arbres en espalier : vous ne m'en avez pas encore parlé.

CHAPITRE XVIII.

Maniére de planter les arbres en espalier.

LE JARDINIER SOLIT.

POUR planter utilement les arbres en espalier, il faut observer cinq choses :

Premierement, il faut couper *Premiere* la tige de l'arbre à sept ou huit *observation:* pouces au-dessus de la greffe ; les racines environ à la moitié, & la chevelure de même, ainsi que je l'ay dit pour les buissons.

2. L'on couchera les arbres du *Seconde* côté de la muraille environ un *observation:* demy pied, afin qu'ils ayent un bon fond, qui est le côté de l'allée ; la teste de l'arbre ne doit estre éloignée du mur que de trois pouces au plus, afin qu'il

H ij

ſoit bien paliſſé dés le bas.

*Troiſiéme
obſervation.*
3. Les arbres nains doivent eſtre plantez à douze pieds de diſtance, l'un de l'autre, & les arbres à demy-tige mis entre deux. On étendra bien les racines, & on les couvrira de terre avec la main pour qu'il n'y ait point de vuide, ainſi que je vous l'ay dit cy-deſſus en parlant du plant des arbres Poiriers en buiſſon.

*Quatriéme
obſervation.*
4. Il faut que la coupe de l'arbre ſoit toûjours tournée du côté du mur, & les meilleures racines du côté de l'allée, afin que l'arbre ait plus de nourriture.

*Cinquiéme
obſervation.*
5. Quand les arbres ſeront plantez l'on fera mettre du fumier ſur la terre au pied de chaque arbre, ou plûtôt l'on en garnira toute la platte-bande; ſi l'on plante un eſpalier tout entier, le

fumier sera mis de quatre pouces ou environ d'épais; & l'on fera arroser dans la grande sécheresse, comme il a esté dit pour les arbres en buisson.

LE CURIEUX.

Vos cinq observations sont tres-instructives, : il me reste à sçavoir comment il faut planter les arbres à haute tige, que l'on met en plein vent.

CHAPITRE XIX.

Pour bien planter les arbres à haute tige en plein vent, il faut observer cinq choses.

LE JARDINIER SOLIT.

PREMIEREMENT, les ar- *Premiere* bres doivent avoir la tige *observation.* droite, & la grosseur doit estre de cinq à six pouces. Il ne faut jamais planter des arbres menus dans les terres légéres ; ils font trop long-temps à venir, & à porter du fruit. Je vous avoüé, qu'il en coûte quelque chose davantage pour les avoir plus gros ; mais on est dédommagé en peu de temps, parce qu'ils portent du fruit plûtost.

Seconde objervation. 2. Les arbres doivent estre plantez à trois toifes de distance les uns des autres dans les terres légéres ; & si l'on plante un buiſſon entre deux, il est bon que la distance soit de quatre toifes. Je sçay qu'on en voit à trois toifes, & un buiſſon entre deux ; mais ils n'en sont pas mieux. C'est pourquoy je conseille qu'ils ayent quatre toifes de distance.

Troisiéme objervation. 3. Il faut préparer la teste de l'arbre, en y laiſſant trois ou quatre branches de la longueur de dix à douze pouces. Cela forme la rondeur de la teste de vôtre arbre dés la premiere année; l'experience me l'a appris.

4. Il faut que les racines soient vives, en rafraichir seulement les bouts, & en couper la chevelure à moitié de sa longueur. Lorsque vous planterez vôtre arbre, vous en étendrez les racines, & les couvrirez de terre avec la main, pour qu'il n'y ait point de vuide entre les racines & la terre : car ce vuide empêcheroit que l'arbre ne poussât vigoureusement. *Quatriéme observation.*

5. L'on fera des trous de trois pieds en quarré, pour planter les arbres dans une terre qui aura été foüillée en Automne : que si elle n'a pas été foüillée, l'on fera des trous de six pieds en quat- *Cinquiéme observation.*

H iiij

ré, & de trois pieds de profondeur. Je ſçay qu'il y a des Jardiniers qui ſont enteſtez de n'en faire que de quatre pieds en quarré, & de deux pieds de profondeur : mais l'expérience m'a appris que les arbres ne réüſſiſſent jamais bien.

Le fumier eſt utile au pied des arbres nouvellement plantez.

Il faut mettre du fumier ſur la terre à chaque pied d'arbre, pour les raiſons que je vous ay dites, & les arroſer de tems à autre.

LE CURIEUX.

Je ſuis perſuadé que toutes ces obſervations ſont tres - utiles à ſçavoir : mais j'ay encore à vous demander la maniére de planter les ceps de raiſins & de verjus, afin que je ſois entierement inſtruit de la methode de bien planter.

CHAPITRE XX.

De la maniere de planter les ceps
de muſcats, les chaſſelas, &
bourdelais, ou verjus.

LE JARDINIER SOLIT.

L'ON fera une rigole d'un
pied & demy ou environ de
large, & environ d'un pied &
demy de profondeur ; on aura
des Marcottes, que l'on aura pré-
parées portant trois yeux chacune. L'on coupera un peu de la
chevelure ; l'on couchera les
pieds dans ladite rigole à la diſtance de deux pieds l'un de l'autre, pour que le treillage ſoit plûtoſt garni : & enſuite l'on mettra du fumier deſſus la terre, afin
que la rigole en ſoit couverte.
Aprés cela ſoyez perſuadé que

L'on prépa-
re les Mar-
cottes le rai-
ſins à trois
yeux pour
étr. plan-
tées.

Diſtance
qu'on doit
donner aux
ceps de rai-
ſins lorſqu'
on plante les
Marcottes.

H v

voftre vigne pouffera parfaitement bien. Que fi vous me demandez la qualité du fumier qui doit être employé à cet ufage, je vous répondray que dans les terres chaudes le fumier de vache eft le meilleur : mais fi l'on ne pouvoit en avoir, on pourra y mettre du fumier de cheval bien pourri, enforte que la chaleur en foit éteinte.

Qualité du fumier pour les terres légéres & chaudes.

Pour les terres humides & froides, il n'y faut que du fumier de cheval à moitié pourri, & jamais de celui de vache, parce qu'il eft froid & contraire à ces fortes de terres : la même chofe doit être auffi pratiquée pour les arbres.

Qualité du fumier pour les terres humides & froides.

Le Curieux.

Tout ce que vous m'avez enfeigné eft tres bien expliqué, je

vous demande à préfent quel ouvrage il faut faire enfuite dans mon nouveau jardin ?

LE JARDINIER SOLIT.

L'on bordera les allées d'her-bes fines & aromatiques dont voicy la Lifte.

Bordures d'herbes fines pour les allées.

Lavande.
Sariette.
Thim.
Hyfope.
Marjolaine.
Meliffe.
Romarin.
Violette double & fimple.

Noms des herbes fines aromatiques pour border les allées d'un nou-veau jardin.

Les Fraifiers font en ufage pour les bordures, quoyqu'ils ne foient pas du nombre des herbes fines non plus que le Bouys. Ce-pendant on y employe aufi le

Bordure de Fraifiers.

H vj

Bordure du Bouys. Bouys; il a ſon mérite & ſon utilité en ce qu'il eſt un plant propre & verd en tout temps.

LE CURIEUX.

Les bordures de mes allées étant plantées, il ne me reſte plus que les quarrez pour y ſemer, & planter des légumes pour l'utilité de ma maiſon. C'eſt pourquoy j'ay beſoin que vous me donniez une Liſte de toutes les graines que vous jugerez les plus néceſſaires pour occuper ma terre utilement.

LE JARDINIER SOLIT.

Tres volontiers ; & pour vous la rendre plus facile, je vous la donne par Alphabet.

CHAPITRE XXI.

Liste des graines potagéres pour l'utilité d'une Maison.

ARtichaux violets & blancs.
Asperges.

Basilic. . . . *il se séme sur les couches.*

Betterave.

Bonne-dame.

Bourroche.

Buglose.

Cardes de Poirée.

Cardon d'Espagne... *il se séme sur les couches.*

Celery... *il se séme sur les couches.*

Cerfeüil ordinaire.

Champignons.

Cheruy.

Chicorée ordinaire & ſauvage.

Choux d'hyver.

Choux-fleurs.

Choux pommez.

Choux à la groſſe côte... *Toutes ces ſortes de choux ſe peuvent ſemer ſur les couches.*

Ciboule.

Citroüille, *elle ſe ſéme ſur les couches.*

Civette d'Angleterre.

Concombre.

Creſſon à la noix.

Eſpinards.

Eſtragon.

Féves.

Laituë George à couper & à pommer.

Laituë crépe blonde à pommer.

Laituë d'Allemagne.

Laituë courte.

Laituë Romaine... *Toutes fortes de graines de Laituë fe fément fur couche & fur terre.*

La jeune blonde.

La Royale.

Maches... *c'eft une légume pour la falade.*

Melon... *il fe féme fur les couches.*

Oignons blancs d'Efté.

Oignons d'Automne.

Oignons rouges pour l'Hyver.

Ofeille.

Panais.

Perfil ordinaire.

Pimprenelle.

Poirée.

Pois de diverfes fortes.

Poreaux.

Pourpier dòré.

Pourpier verd... *il ſe ſéme ſur les couches, & non le doré.*

Rave... *elle ſe ſéme ſur couches & ſur terre.*

Salſifix d'Eſpagne.
Salſifix commun.

LE CURIEUX.

Je ſuis content d'avoir les noms de chaque graine potagé-re, continuons, je vous prie, nos ouvrages. A cet effet apprenez moy la methode de dreſſer les planches de chaque quarré pour y ſemer les graines potagéres

CHAPITRE XXII.

*De la maniere de dreffer les plan-
ches, & de femer les graines
des légumes potagéres.*

LE JARDINIER SOLIT.

IL faut mefurer la terre des
quarrez en - dedans, fans y
comprendre les plattes - bandes
qui font autour de chaque quarré , & faire en forte que chaque
planche ait quatre pieds ou environ de largeur, & un fentier
qui foit environ d'un pied de
large entre deux, & que toutes
les planches foient d'une égale
largeur.

*Largeur
que doivent
avoir les
planches
dans les
quarrez.*

LE CURIEUX.

Cela étant fait, eft-il neceffaire de rayonner les planches

pour y femer les graines, ou bien s'il faut les femer fans les rayon-ner ?

LE JARDINIER SOLIT.

La maniere dont les Maraichez fément leurs planches.

Cela dépend de la volonté : je dois néanmoins vous faire re-marquer , que les Maraichez qui loüent des terres bien cher, trouvent qu'ils ont plus de profit de femer fans rayonner , que par rayons. Mais pour le Jardin d'un curieux , mon fentiment eft de

Methode de femer les graines po-tagéres dans le jardin d'un Cu-rieux.

rayonner. Cela fe fait avec la pointe d'un bâton pour y femer certaines graines de légumes ; comme par exemple , Ofeille, Poirée, Perfil, Cerfeuïl, Epinards. Mais à l'égard des autres graines potagéres, comme oignons & ra-cines, je vous confeille de les fai-re femer en plaine planche, & enfuite les faire herfer légérement; à l'egard de celles qui font femées en rayons; on les remplira de terre fans les herfer.

LE CURIEUX.

Lorfque j'auray fait femer mes graines fuivant la Methode que vous m'en donnez, n'y aurat-il plus rien à mettre en pratique.

LE JARDINIER SOLIT.

Il faudra enfuite faire porter du terreau fur chaque planche, qui aura efté femée pour les terrauter de l'épaiffeur d'un bon pouce, pour deux raifons:

Terrauter les planches aprés avoir été femées.

La premiere, eft pour empêcher que la terre ne foit fi battuë par les pluyes & par les arrofemens, ce qui feroit que les graines ne germeroient point, & ne léveroient pas fi facilement.

Raifon pourquoy l'on terraute le planches aprés avoir été femées

Deuxième raison qui fait voir le défaut d'une terre qui n'eſt pas terrautée aprés être ſemée

La ſeconde raiſon eſt que les graines ont plus de peine à lever quand elles ne ſont pas terrautées, parce que les terres ſe ſellent entierement par les pluyes & par les gelées qui arrivent à contretemps : cela arriva en l'année 1701. au mois de Mars, & Avril, de ſorte qu'on fut obligé en pluſieurs endrois de ſemer de nouveau.

Précaution utile à prendre.

La précaution de faire mettre du terreau ſur chaque planche aprés eſtre ſemée, garentit pour l'ordinaire d'un tel accident.

LE CURIEUX.

L'avis eſt tres-bon, vous reſte-t-il encore quelque choſe à me dire qui puiſſe m'eſtre utile pour mon Jardin ?

❦❧

LE JARDINIER SOLIT.

Il me reſte à vous parler des couches qui ſont d'une grande utilité pour élever du Plant. De ce plant il y en a une partie qu'on laiſſe ſur les couches, & l'autre que l'on replante en terre ſur les planches des quarrez, telles que ſont les Laituës pour pommer, le Celery, le Concombre, le Cardon d'Eſpagne, la Citroüille, &c.

Il eſt néceſſaire d'avoir des couches dans un Jardin potager.

LE CURIEUX.

Je conçois bien, que les couches ſont neceſſaires, c'eſt pourquoy je voudrois ſçavoir la maniere de les faire pour avoir des premiéres légumes.

CHAPITRE XXIII.

La maniére de faire les couches.

LE JARDINIER SOLIT.

Les couches doivent être placées à l'exposition du Soleil du midy.

L'EXPOSITION du Soleil du midy est avantageuse pour y faire des couches ; elles doivent estre faites de fumier de cheval sortant de l'écurie. Elles doivent avoir quatre pieds de hauteur ou environ, & autant de largeur : la longueur sera selon la place où l'on a volonté de les faire. On y mettra du terreau par dessus de l'épaisseur d'environ huit à neuf pouces : il faut que les couches soient faites six ou huit jours devant que d'y semer les graines, afin que la grande chaleur du fumier se passe pendant ce temps la, & qu'il ne luy reste qu'une chaleur modérée. On le connoîtra en mettant le doigt dans la couche : sans cette précaution l'on courroit risque de brûler les graines.

Précaution qu'on doit prendre avant que de semer les graines sur les couches.

Les sentiers des couches doivent avoir un pied de large, afin que lorsqu'on voudra les réchauffer, on ait la facilité de mettre entre deux couches du fumier chaud qui entretiendra le degré de chaleur, & fera profiter le plant.

Methode pour réchauffer les couches.

Le Curieux.

Il me vient encore une pensée, c'est de vous demander comment on fait les couches de champignons ; après cela j'auray lieu d'estre content de toutes vos instructions sur la maniere de faire mon Jardin fruitier & potager.

CHAPITRE XXIV.

La maniére & le temps de faire des couches de Champignons.

LE JARDINIER SOLIT.

Temps au-quel on fait provifion de fumier pour faire des couches de champi-gnons.

IL faut commencer à faire pro-vifion de fumier de paille de froment, & jamais de celle de feigle. Cette provifion fe fait au mois d'Avril, on peut en amaffer jufqu'au mois d'Aouft, & le fai-re mettre par chaînes.

Temps au-quel l'on fait les tran-chées.

C'eft au mois de Novembre qu'on fait des tranchées de trois pieds de large, & d'un demy pied de creux. Il fera neceffaire de bien mêler le fumier, c'eft-à-dire le crotin, avec la paille, & de mettre le fumier dans la tran-chée de la hauteur de deux pieds, en forte qu'il foit en dos d'âne

d'âne : on le couvrira de deux
pouces d'épaiſſeur de terre, &
au mois d'Avril ſuivant, il faudra couvrir leſdites couches de
grand fumier, pour empêcher
que la grande chaleur ne les pénétre. Quand on verra que le *Moüiller les*
fumier ſe ſeche, il faudra le *ches de*
moüiller de temps à autre ; c'eſt *gnons.* *cha pi-*
à-dire, de trois ſemaines en trois
ſemaines, en cas qu'il ne pleuve
pas : voila la maniere d'avoir de
bons & gros champignons à peu
de frais.

LE CURIEUX.

Ce n'eſt pas aſſez de connoître tout ce qui eſt néceſſaire
pour faire mon Jardin. Il m'eſt
important de ſçavoir la methode pour le cultiver, obligez-moy
de me l'apprendre.

❧❀❧

I

LE
JARDINIER
SOLITAIRE,

O U

D I A L O G U E S

*Entre un Curieux & un Jardinier
Solitaire.*

SECONDE PARTIE.

CHAPITRE PREMIER.

*Des labours & du tems auquel on
les avit faire.*

LE JARDINIER SOLIT.

POur vous apprendre à cultiver vôtre Jardin, je commenceray à vous expliquer les
differens labours : c'est la pre-

miére chofe abfolument néceffaire à fçavoir :

Cet ouvrage fe fait en trois
faifons : fçavoir en Hyver, au
Printemps & à la Saint Jean: mais
il faut s'appliquer à le faire felon la qualité de la terre.

Saifons aux quelles on doit labou- rer les ar- bres.

Par exemple dans une terre
pefante & humide, le premier
labour fe doit faire légérement,
afin que les pluyes ne pénétrent
point cette terre qui n'en a aucun befo n à caufe de fa qualité
qui eft humide ; & il faut obferver qu'il ne faut jamais faire labourer ces fortes de terres dans
un temps de pluye; mais dans un
beau temps & fec.

Raifon pour- q oy l'on ne doit labourer que légére- ment une terre pefante & humide.

Il n'en eft pas de même des
terres légéres, le premier labour
en doit être fait profond, afin
qu'elles reçoivent facilement les
pluyes & les neiges dont elles
ont befoin.　　I ij

Methode pour fa re les labours dans les terres lé- géres.

LE CURIEUX.

Je conçois bien ce que vous me dites pour ce premier labour: apparemment il en est de même du second.

LE JARDINIER SOLIT.

Temps auquel on doit faire le second labour.

C'est ce qu'il faut vous expliquer : le second labour se fait au commencement de **May**, quand le fruit est noüé.

Raison pourquoy l'on fait le second labour profond dans une terre humide & pesante.

Dans les terres pesantes & humides, il doit être fait profond pour disposer la terre à s'échauffer par la chaleur du Soleil, & pour empêcher qu'elle ne se fende dans le hâle.

Suite du même sujet pour une terre légére.

Dans les terres légéres, il doit aussi être fait profond, pour recevoir aisément l'humidité dont elles ont besoin. Cette humidité jointe à la chaleur

du Soleil fait les bons fruits &
les bonnes légumes.

Le troisiéme labour dans les
terres humides & pesantes, ne
doit pas être fait si profond que
le second. Le tems de le faire est
celuy de la S. Jean, ou au commencement de Juillet. Ce labour est tres-utile pour donner
la grosseur & la qualité aux
fruits, & pour empêcher que
les méchantes herbes n'altérent
la terre.

Le temps & la methode de faire le troisié e labour dans une terre humide & pesante, & la raison pourquoy.

Dans les terres légéres &
chaudes, il doit être fait légérement, à cause que la chaleur du
Soleil étant dans sa force, elle
pourroit pénétrer jusqu'aux racines des arbres, particuliérement quand ils sont jeunes ; ce
qui les fatigueroit, & qui feroit
perir leur fruit. C'est pourquoy
il faut toûjours prendre la pré-

Raison pour quoy l'on fait le troi-siéme labour légérement dans une ter-re légére & chaude.

Ce labour, étant fait aprés une

I iij

caution de faire ce labour immédiatement aprés une pluye. Eſtant fait bien à propos, on en recevra les avantages que j'ay dit.

pluye, c'eſt le moyen d'avoir de gros fruits: & de bonnes légumes.

LE CURIEUX.

Mais qu'arrive oit-il à des arbres qui n'auroient point été labourez ? croyez-vous que les fruits qui en proviendroient, n'auroient pas une auſſi bonne qualité que ceux dont les arbres auroient eſté labourez ?

LE JARDINIER SOLIT.

Preuve de la neceſſité des labours.

Non. La différence feroit grande ; car une Poire qui de ſa qualité feroit fondante, telle qu'une Moüille-bouche, feroit tellement pierreuſe, qu'on n'en pourroit pas manger. J'en ay l'experience.

LE CURIEUX.

Ce que vous venez de me dire me fait bien connoître que les labours sont absolument nécessaires. Dites-moy je vous prie, si les plattes-bandes où sont plantez les arbres en buisson, & celles des arbres en espaliers, ayant ces trois labours, il est nécessaire de faire encore des ratissages qu'on dit être utiles.

LE JARDINIER SOLIT.

Oüy : je vous conseille même outre les trois labours de faire des ratissages de tems à autre pour deux raisons :

La première est, qu'ils font *Premiere* mourir les méchantes herbes qui *raison qui prouve l'u-* ne feroient qu'alterer une partie *tilité des ra-* de la terre. *tissages.*

La seconde est, que ces ratissa-

I iiij

ges serviront à recevoir les ro-
sées de la nuit qui maintiendront
la terre dans sa fraîcheur, &
donneront vigueur à vos arbres ;
en sorte que leurs fruits en seront mieux conditionnez.

LE CURIEUX.

Tout ce que vous venez de
me dire me paroît fort utile ;
mais instruisez - moy, je vous
prie, à present sur la maniére de
tailler les arbres, tant en buisson qu'en espalier, & dites moy
pour quelle raison on fait cette
taille.

-ა۶ა-

CHAPITRE II.

Traitté de la taille des arbres : &
raisons pourquoy l'on taille les
arbres qui sont en buisson & en
espalier.

LE JARDINIER SOLIT.

Rois raisons nous obligent à
tailler les arbres.

La premiere, pour faire durer
davantage un arbre.

La seconde, pour luy donner
une belle figure.

La troisiéme, pour avoir de
plus beaux fruits.

1°. J'ay dit qu'on taille un arbre pour le faire durer davantage : la raison est que par cette
taille on retranche toutes les
branches qui sont inutiles, en
laissant seulement celles qu'on

La nécessité
de tailler les
arbres pour
les faire du-
rer davan-
tage.

I v

juge néceſſaires pour la figure de l'arbre, & pour y avoir du fruit.

Un arbre en buiſſon qu'on ne taille point perit en peu de temps.

Si au contraire, on ne tailloit point l'arbre, & qu'on luy laiſſât toutes ſes branches, elles épuiſeroient la ſéve de l'arbre, & le feroient perir en peu de temps.

Quatre choſes à mettre en pratique pour donner une belle figure à un arbre.

2°. J'ay dit qu'il falloit tailler les arbres afin de leur donner une belle figure : pour cet effet il faut obſerver quatre choſes :

Premiere obſervation.

La premiere, que la tige ait ſept ou huit pouces, ou environ depuis la greffe : car cela donne une plus grande facilité à labourer deſſous quand les arbres ſont devenus grands.

Seconde obſervation.

La ſeconde, que l'arbre ſoit rond ; en ſorte qu'on n'y voye point de vuide.

Troiſiéme obſervation.

La troiſiéme, qu'il ſoit ouvert du milieu, en forte que le Soleil y puiſſe pénétrer pour meurir le fruit & pour luy donner la couleur.

La quatriéme, qu'il ſoit bien garni de branches de tous côtez, ſans toutefois qu'il y ait de la confuſion. Voila ce qui s'appelle former un buiſſon d'une agreable figure.

Quatriéme obſervation.

3°. Je vous ay dit qu'un arbre taillé donne de plus beau fruit que celuy qu'on ne taille point ; la raiſon eſt, que la ſéve de cet arbre n'eſt point occupée à nourrir des branches inutiles, & ainſi le fruit en profite mieux & devient plus gros & plus beau.

Raiſon pourquoy un arbre taillé donne de plus beau fruit.

LE CURIEUX.

Ces raiſons ſont aiſées à comprendre : mais en quel temps eſt-ce qu'on fait cette taille ?

I vj

LE JARDINIER SOLIT.

On peut tail-
ler les arbres
dés que les
feuilles sont
tombées.

Les Auteurs qui ont traitté du temps de la taille des arbres, font tous d'un même fentiment; & je conviens avec eux, que dés que les feüilles font tombées, on peut commencer à tailler. Mais l'ufage ordinaire & celuy que je mets en pratique, eft de tailler au mois de Janvier les

L'ordinaire
de tailler eft
en Janvier
& en Mars
pour les ar-
bres qui font
gourmands
en bois.

buiffons qui pouffent peu en bois & qui ont peu de vigueur. Pour ceux qui font gourmands en bois, & qui ont beaucoup de vigueur, je les fais tailler en Mars.

LE CURIEUX.

Expliquez-moy, je vous prie, pour quelle raifon vous faites cette taille en differents temps?

LE JARDINIER SOLIT.

C'eſt qu'il y a des arbres qui ſont foibles, & d'autres qui ſont vigoureux. On taille les foibles au mois de Janvier, pour conſerver toute la ſéve dont ils ont beſoin dans le temps auquel elle eſt en mouvement. Pour les arbres trop vigoureux ils ne doivent être taillez que dans leur ſéve, qui commence à être en mouvement au mois de Mars, afin de leur faire perdre une partie de cette ſéve, & pour fortifier les branches à fruits.

Raiſon pourquoy l'on prend des temps differens pour tailler les arbres.

Pourquoy l'on taille les arbres foibles en Janvier.

Raiſon pourquoy l'on taille les arbres vigoureux en Mars.

Ces arbres ſont ordinairement la Virgouleuſe, la Robine, la Bergamotte, & tous ceux qu'on voit qui pouſſent plus en bois qu'en fruits.

Arbres vigoureux.

LE CURIEUX.

La geléé ne fait-elle point de tort aux arbres nouvellement taillez, qui ont peu de vigueur?

LE JARDINIER SOLIT.

Non : tous les habiles Jardiniers vous diront, que cette methode a toûjours réüffi ; j'en ay fait l'expérience, & je m'en suis bien trouvé.

LE CURIEUX.

Ce que vous venez de me dire des effets de la taille des arbres & du temps auquel elle se fait me donne un grand defir d'en fçavoir la methode.

⟐

CHAPITRE III.

Pour bien sçavoir la taille des arbres, il faut en connoiſtre les principes.

LE JARDINIER SOLIT.

AVANT que de vous entretenir ſur la manière de tailler les arbres ; il faut que je commence par vous faire connoître les principes que je crois eſſentiels pour y bien reüſſir.

Je ſuppoſe donc qu'il y a cinq ſortes de branches ſur un arbre qui font le ſujet de la taille que j'explique. Sçavoir des branches à bois, des branches à fruit, des branches chiffones, des branches de faux bois, & des branches gourmandes.

Les branches à bois font cel-

Explication des branches à bois.

les qui forment la figure & la rondeur de l'arbre, sur lesquelles on taille avec jugement selon la vigueur de l'arbre, depuis quatre jusqu'à douze pouces de long.

Explication des branches à fruit.

2. Les branches à fruit sont plus menuës que celles a bois, les yeux y sont près les uns des autres, & sont gros, ce qui forme les boutons à fruit. On racourcit celles qui sont trop longues, & qui auroient peine à porter leurs fruits, & on laisse entieres celles qui sont d'une juste longueur, en coupant seulement l'extrémité de la branche, pour que les boutons à fruit profitent.

Avis tres-utile pour avoir du fruit.

Explication des branches chifonnes.

3. Les branches chifonnes sont des petites branches menuës qui sont en confusion, & qui ne peuvent donner ni bois, ni fruit;

c'eſt la raiſon pourquoy il les faut ôter.

4 Les branches de faux bois, ſont des branches qui viennent ſur les bonnes branches à bois, dont les yeux ſont plats & éloignez les uns des autres ; elles ſont inutiles ; c'eſt la raiſon pour laquelle on les retranche de l'arbre.

5. Les branches gourmandes ſont celles qui prennent leur naiſſance ſur les groſſes branches à bois : elles ſont environ groſſes comme le doigt, droites comme des cierges, l'écorce en eſt tres-unie & tres nette, les yeux en ſont plats, éloignez les uns des autres. Il les faut retrancher d'un arbre ſi ce n'eſt que l'on en ait beſoin de quelqu'une pour remplir un vuide ; car pour lors il la faut laiſſer.

LE CURIEUX.

Vous venez de me dire que fi
une branche gourmande eft utile, pour lors il faut la laiffer; permettez - moy de vous objeƈter
que le Jard'nier de M .... foûte-
noit ces jours paff'z à fon Maître qu'il falloit toûjours retrancher les branches gourmandes,
comme étant celles qui attirent
beaucoup de féve, ce qui empef-
che les autres branches de profiter, & qui ruine un arbre entierement : fi cela eft, comment
cette branche gourmande luy
pourroit-elle eftre utile ? & comment doit-on faire pour qu'elle
ne puiffe point nuire à l'arbre en
la laiffant pour remplir un vuide ?

❧✿❧

LE JARDINIER SOLIT.

Il n'y a point de régle qui n'ait son exception. Si cette branche n'est utile à rien, ce Jardinier a raison de dire qu'il la faut retrancher : mais si elle est nécessaire pour la figure de l'arbre ; je soûtiens qu'il la faut laisser, & que cette branche n'épuisera point l'arbre aprés une taille, que je lui aurai donnée de dix à douze pouces selon la vigueur de l'arbre. Car cette taille arrestera la séve, qui étant poussée par son entrée, percera la branche gourmande de côté & d'autre, en sorte qu'elle donnera plusieurs branches, qui occuperont une partie de la séve. J'ay dit une partie, d'autant que le passage de ces branches nouvelles étant étroit, & ne pouvant re-

Une branche gourmande doit être laissée sur un arbre où il y a un uuide.

Methode de tailler une branche gourmande pour ne point fatiguer un arbre

Les effets de la taille d'une branche gourmande.

cevoir toute la féve, que reçoit
la maîtreffe branche par fon entrée, qui eft plus grande que celle des petites branches : il s'en-
fuit que la furabondance de la
féve étant arreftée, elle fe répan-
dra de neceffité dans les grcffes
branches voifines, & que par ce
moïen cette branche gourmande n'aura plus qu'une féve moderée qui donnera de bonnes
branches. J'ay fait l'expérience
de ce que je vous avance fur des
arbres Pefchers en efpaliers, &
j'y ay vû de bonnes branches à
fruir, & de bonnes branches à
bois pour en garnir le vuide.

LE CURIEUX.

Je fuis fort fatisfait de cette
raifon ; mais dites-moy, je vous
prie, fi l'on voyoit à une de ces
nouvelles branches une difpofi-

tion à devenir gourmande, que faudroit-il faire pour empêcher qu'elle ne s'emportât.

LE JARDINIER SOLIT.

Il n'y auroit point d'autre cho-se à faire, qu'à pincer cette bran-che à plusieurs fois. C'est par cette petite operation, qui se fait avec les doigts, que l'on ar-rête la séve. Je traiteray dans un chapitre particulier la methode de pincer les arbres, afin de vous faire connoître plus au long quelle en est l'utilité.

LE CURIEUX.

J'en apprendray la pratique avec plaisir, & j'auray soin de vous en faire ressouvenir : mais je voudrois bien à present sçavoir comment il faudra tailler mes jeunes arbres qui seront nou-

vellement plantez : car il peut,
arriver que dans la quantité
d'arbres que j'auray, il y en auroit quelques-uns qui n'auroient
poufsé qu'une feule branche ;
que d'autres n'en auroient pouffé que deux, mais toutes deux
d'un même côté ; & enfin que
d'autres en auroient pouffé plufieurs, dont il y en auroit quelques-unes qui feroient mal placées : je vous avouë que cette
diverfité de pouffe me paroî-
troit être un obftacle à former
une belle figure à mes arbres.

LE JARDINIER SOLIT.

Il me fera facile de vous tirer
de cet embarras.

Ce qu'il faut faire à un jeune arbre qui n'a pouffé qu'une branche à l'extrémité de la tige.

1°. Quand l'arbre n'a pouffé
qu'une branche ; fi cette branche eft venuë à l'extrémité de la
tige, je vous confeille de l'ôter ;

& foyez affuré que la tige de vôtre arbre pouffera plufieurs branches l'année fuivante. L'expérience me l'a fait connoître à
l'égard de plufieurs arbres.

Je fuppofe que cet arbre ne
foit point attaqué de vers, ni
que les racines ne foient point
gâtées ; car pour lors il faudroit
le faire arracher, & en mettre un
autre à la place.

Que fi cette branche étoit *Suite du*
venuë plus bas que le haut de la *même fujet.*
tige, pour lors il faudroit cou-
per la tige à côté de la naiffance
de cette nouvelle branche ; la
tailler à trois ou quatre yeux, &
y mettre un échalas pendant la
premiere année feulement, afinde
la tenir droite. Remarquez qu'il
faut toûjours de la cire molle, ou
du maftic fur la coupe que vous
ferez à la tige, comme je l'ai dit
ailleurs.

Methode de tailler un arbre qui a poussé deux branches du même côté.

2°. Si l'arbre a poussé deux branches d'un même côté. Il faudra tailler la premiere branche à trois ou quatre yeux, & pour celle qui est dessous, il faudra la tailler à l'épaisseur d'un écu : cela donnera deux branches à fruit.

Suite du même sujet.

Que si la branche de dessous étoit plus grosse que celle de dessus ; il faudroit ôter la premiere branche & conserver la seconde, qu'on tailleroit à trois ou quatre yeux, & couper la tige jusques à la naissance de la branche conservée.

Methode de tailler un jeune arbre qui a poussé plusieurs branches.

3°. Pour ce qui est d'un arbre qui aura poussé plusieurs branches dont quelques-unes seront mal placées : il faut considerer celles qui sont propres à donner la figure à vôtre arbre, & les tailler à trois yeux, qui soient bien tournez

tournez pour l'arrondiſſement de l'arbre. Or pour que ces yeux ſoient bien tournez, il faut qu'ils ſoient en dehors de l'arbre, & jamais en dedans, à l'exception des Beurrez dont les branches à bois s'écartent trop lorſque les yeux ſont en dehors ; c'eſt pourquoy il faut obſerver, en les taillant, que les yeux ſoient en dedans de l'arbre, afin de lui faire prendre une belle figure pour l'arrondiſſement.

A l'égard des branches mal placées, il les faudra tailler à *Suite du* l'épaiſſeur d'un écu, ou en talus, *même ſujet.* & en retrancher les chifonnes.

LE CURIEUX.

Ce que vous venez de me dire ſur mes difficultez me fait un vrai plaiſir.

Mais ſi cet arbre avoit produit

K

l'année fuivante de belle branches fur cette premiere taille,
faudroit-il obferver la même
maniere de taille que celle que
vous venez de m'expliquer,

LE JARDINIER SOLIT.

Comment il faut donner une belle fi- gure à un arbre. Oüy, il faut fuivre la même
methode,& s'appliquer toûjours
à difpofer pour la belle figure de
l'arbre, les branches qu'il faut
garder ; conferver celles qui font
à fruit ; retrancher les chifonnes ; couper à l'épaiffeur d'un
écu, ou en talus les autres branches mal placées pour en faire
des branches à fruit, & éviter fur
tout la confufion des branches.

LE CURIEUX.

Je comprens affez cecy, excepté la taille en talus, & celle à
l'épaiffeur d'un écu qui me pa-

roiſſent quelque choſe de nouveau.

LE JARDINIER SOLIT.

La taille en talus & celle à l'é- *Des nouvel-*
paiſſeur d'un écu ſont de l'inven- *les tailles en*
tion de M. de la Quintinie : el- *talus, & à*
les ſont tres - utiles pour avoir *l'épaiſſeur*
des branches à fruit, & ſur tout *d'un écu.*
pour en avoir de bien tournées.
Ces tailles ſont parfaitement
bien imaginées, j'en ay l'experience, en voicy la raiſon.

La branche à bois étant re- *Suite du*
tranchée en talus, ou à l'épaiſ- *même ſujet.*
ſeur d'un écu, ſa ſéve ne trouve
plus de branches à remplir. Que
fait - elle pour lors ? elle perce
preſque toûjours pour donner
une ou deux branches à fruit ;
que ſi elle ne perce point, (ce
qui arrive rarement) cette taille
ne gâte aucunement l'arbre.

LE CURIEUX.

Je fuis tres-content de ce que vous venez de me dire de ces nouvelles tailles, elles méritent d'être mifes en pratique.

Revenons à la taille ordinaire pour nôtre jeune plant : combien faut-il que mes arbres ayent de tailles pour qu'ils foient formez en buiffon ; & comment faut-il les tailler pour les entretenir d'une figure agréable ?

LE JARDINIER SOLIT.

Quand l'on taille un arbre il faut fe conformer à fa vigueur,

Pour les arbres plantez depuis quatre ans, il faut fuppofer qu'ils auront de bonnes branches à bois & à fruit à la troifiéme taille ; ainfi il faudra fe conformer à la vigueur de l'arbre pour tailler les branches plus ou moins courtes : c'eft-à-dire, depuis

quatre jufqu'à neuf pouces, en
obfervant de laiffer l'œil le plus
haut de chaque branche à bois
en dehors de l'arbre pour fon
arrondiffement : je vous confeil- *Précaution*
le de mettre un cerceau autour *cale pour*
d'onner une
attaché avec de l'ofier à trois ou *belle figure*
quatre échalas pour palifler les *à un jeune*
branches à bois autour du cer- *arbre.*
ceau, cela donnera une belle figure à l'arbre.

Au refte, n'ayez point d'égard
au croiffant ni au decours de la
Lune pour tailler vos arbres.

LE CURIEUX.

Vous me furprenez de me dire, qu'il ne faut point avoir égard
au cours de la Lune quand on
taille les arbres ; j'ay oüy dire à
des anciens Jardiniers, qu'il falloit toûjours obferver le decours
de la Lune pour tailler les ar-

bres vigoureux, & le croiſſant pour tailler ceux qui pouſſent peu en bois : leur raiſon eſt que la taille n'eſt pas avantageuſe pour donner bientôt du fruit, ſi on ne la fait en decours. Ils ajoûtoient, que ce qui fait, que quelques arbres ſont ſi long-temps à donner du fruit, c'eſt parce qu'ils ont été ou plantez, ou greffez en croiſſant, ou en pleine Lune.

LE JARDINIER SOLIT.

En matiere de Jardinage il eſt inutile d'obſerver la Lune.

Ceux qui voudront en faire l'expérience s'en trouveront toûjours bien.

La plus grande partie des anciens Jardiniers ont été dans cette erreur, & il y en a encore quelques - uns qui y ſont : mais l'expérience m'a fait connoître, que ni les uns, ni les autres ne raiſonnent point juſte : puiſque ſans obſerver l'état de la Lune, je me ſuis toûjours bien trouvé de ne me point arrêter à cette espece de superstition en matiére de Jardinage ; c'est un fait dont chacun peut faire l'expérience. Cependant je veux bien qu'on ne s'en rapporte pas à ce que j'en dis ; M. de la Quintinie pourra en être plûtôt crû que moy.

Voicy ses paroles, je vous prie d'y faire attention.

Je proteste de bonne foy que pendant plus de trente ans, j'ay eu des applications infinies pour remarquer au vray si toutes les Lunaisons devoient être de quelque consideration au Jardinage, afin de suivre exactement un usage que je trouvois établi, s'il me paroissoit bon ; mais qu'au bout du compte ce que j'en ay appris par mes observations longues & frequentes, éxactes &

« Sentiment de M. de « la Quinti- « tinie au sujet des « Lunai- « sons, tiré « du Chapi- tre 22. de « ses Réflé- « xions.

K iiij

» finceres, a été, que ces difcours
» ne font fimplement que de vieux
» dires de Jardiniers malhabiles.

Suite du
même fu-
jet pour les
greffes.

» Et plus bas, il dit : J'ay donc
fuivi ce qui étoit bon ; j'ay con-
damné ce qui m'a paru ne l'être
pas : les decours ont été du nombre des reprouvez : & en effet,
greffez en quelque temps de la
Lune que ce foit, pourvû que
vous le faffiez adroitement, &
dans les greffes propres pour chaque greffe, & fur les fujets con-
venables à chaque forte de fruit,
vous réüffirez.

Sur le mê-
me fujet
pour tou-
tes les grai-
nes pota-
gérts.

» Il continuë ainfi : Tout de même, femez toutes fortes de graines ou de plant, en quelque
quartier de la Lune que ce foit,
je vous répons du fuccés égal
de vos fémences & de vos plants;
le premier jour de la Lune comme le dernier eft également fa-

vorable. Voila le fentiment de
cet Auteur, qu'on peut dire avoir
été le plus habile de nôtre fiécle.

Le Curieux.

Aprés des témoignages fi au-
thentiques je ne crois pas qu'il
y eût des jardiniers qui vouluf-
fent contefter vôtre fentiment.

Continuons je vous prie, la
maniére de tailler les arbres.

J'étois ces jours paffez dans le
jardin de M.... fon Jardinier di-
foit que fa méthode étoit de décharger le bois des arbres peu
vigoureux, en les taillant, afin
que le pied do nâ plus de féve,
& qu'ils pouff ffent vigoureu.-
n ent dans la fuite ; & que po r
les arbres qui pouffe t tres-p u
en bois il les tailloir fort court,
& même plus court fur coignaffier que fur franc. Je voudrois

K v

bien sçavoir la raison pourquoy
la taille des arbres sur coignas-
fier se doit faire plus court que
fur franc?

LE JARDINIER SOLIT.

Cet homme parloit en habile
Jardinier; & tous ceux qui sui-
vront sa maxime s'en trouveront bien.

Raison pour-
quoy l'on
taille plus
court les ar-
bres greffez
fur coignas-
fier que fur
de franc.

A l'égard de ce que vous defirez sçavoir, pourquoy l'on taille plus court fur coignassier que
fur franc. C'est que le coignas-
fier pousse plus de branches à
fruit, que de branches à bois, &
que le franc au contraire, fait
plus de branches à bois que de
branches à fruit. C'est pourquoy
l'on taille plus court les arbres
greffez fur coignassier, afin d'a-
voir de bonnes branches à bois,
& l'on taille plus long fur franc;

pour avoir plus de branches à
fruit.

Que si vous me demandez en
quoy consiste la taille courte ; je
vous dirai que c'est tailler à deux
ou trois yeux sur la branche à
bois qui forme la figure de vôtre arbre, & cette operation se
fait pour la même raison aux
arbres peu vigoureux.

Explication de la taille courte.

LE CURIEUX.

N'y a-t-il point quelque observation à faire pour les branches
à fruit., par rapport aux arbres
qui sont foibles, & peu vigoureux ?

LE JARDINIER SOLIT.

Oüy : aux arbres foibles, il
ne faut attendre du fruit que sur
les grosses branches ; & pour les
fortifier, il faut retrancher tou-

La maniere de gouver- ner les ar- bres foibles en les tail- lant.

tes les branches incapables de
porter du fruit.

LE CURIEUX.

Comment gouvernez - vous
dans la taille les arbres qui font
fort vigoureux ; c'eſt-à-dire, qui
ont une grande abondance de
féve qui ne leur fait pouſſer que
du bois, & point de fruit ?

LE JARDINIER SOLIT.

Methode de tailler les arbres qui ſont vigoureux.

La maniére de tailler les arbres vigoureux eſt differente de
celle dont je viens de parler :
ceux-là, il les faut tailler court ;
& pour ceux - cy il les faut
tailler long : on appelle cela donner bien de la charge ſur les
branches à bois, pour les obliger
de les mettre à fruit.

LE CURIEUX.

En quoy conſiſte a taille longue ?

LE JARDINIER SOLIT.

Elle confifte à donner une taille de dix à douze pouces fur la
branche à bois, qui eft venuë de
la taille de l'année p écedente :
on la fait telle, afin que l'arbre
ne pouffe point tant en bois,
qu'il feroit fi on le tail'oit court,
& afin qu'il pouffe à fruit.

Explication de la taille longue.

LE CURIEUX.

Mais aprés cette taille longue, fi cet arbre ne pouffe point
à fruit, (je fuppofe que c'eft un
vieil arbre,) que faut - il faire
pour luy en faire porter ?

LE JARDINIER SOLIT.

Si l'on en veut croire les anciens Jardiniers entêtez de leur
vieille routine, il faudra faire
un trou à l'arbre au travers de

la tige, & y mettre une cheville de bois de chefne bien fec. Ils prétendent que cela arrêtera l'abondance de la féve, & le fera poufler à fruit. D'autres, qui font de leur opinion difent, qu'il faut fendre une des racines, & y mettre une pierre ; que cela fera le même effet que la cheville : enfin il y en a d'autres, qui ont recours au decours de la Lune. Tous ces préceptes ne

M. la Quin-tinie.

font d'aucune utilité : j'eftime bien plus la pratique du plus habile homme de nôtre fiécle, qui fut obligé (comme il le dit luy-même) d'aller à la fource de la vigueur de l'arbre ; c'eft-à-dire, à fes racines, & d'en retrancher une ou deux : il a vû par la fuite que cet expedient étoit infaillible pour faire porter du fruit à de tels arbres.

J'ay fait la même expérience au mois de Novembre ou Décembre fur de vieux arbres qui étoient vigoureux, & qui ne pouſſoient qu'en bois, & point à fruit ; je fis couper deux groſſes racines à quelques-uns, & trois à d'autres ; & l'année ſuivante ils donnérent une ſi grande quantité de fruit, que j'en fus ſurpris.

Expérience qui a bien réüſſi.

LE CURIEUX.

Je vous avouë que ce ſecret me paroît bien imaginé ; mais j'ay envie de ſçavoir comment ſe forment les boutons à fruit en vertu de cette opération.

LE JARDINIER SOLIT.

Il m'eſt aiſé de vous en dire la raiſon, c'eſt que par le retranchement de pluſieurs racines l'arbre n'a plus qu'une ſéve mo-

Pour que les boutons à fruit s'arrendiſſent & ſe nourént.

sur un arbre, il faut qu'il n'ait qu'une féve mode-rée.

derée, laquelle arrondit les boutons à fruit, enforte qu'elle les met en état de noüer : ce qui n'arrive pas quand la féve eft trop abondante ; parce qu'elle s'étend trop par tous les boutons, & qu'elle les allonge au lieu de les arrondir.

LE CURIEUX.

Vôtre raifon me paroît jufte ; mais afin que je fçahe tout ce qui dépend de cette opération, dites-moy; je vous prie, coupez-vous les racines à moitié de leur longueur, ou proche du gros de l'arbre ? cela me paroît important à fçavoir :

LE JARDINIER SOLIT.

Manière de retrancher les racines d'un arbre.

Il faut faire découvrir toutes les racines de l'arbre pour voir celles qui font les plus groffés :

ce font celles - cy qu'il faut re- *pour luy*
trancher au nombre de deux ou *faire porter*
trois, quelque fois quatre d'un *du fruit.*
côté & d'autre felon la vigueur
de l'arbre; mais il faut que ce foit
toûjours à trois ou quatre pouces du corps de l'arbre. Cela é-
tant fait, il n'y a plus rien à obferver que de mettre la de terre fur
les racines pour luy faire porter
du fruit immanquablement.

Le Curieux.

Cette obfervation eft bonne à
fçavoir.

Mais fi c'étoit un jeune arbre
& vigoureux, qui ne donnât
point de fruit, croyez-vous que
l'on fût dans l'obligation de luy
retrancher de fes racines, comme l'on fait aux vieux arbres,
pour luy faire porter du fruit.

LE JARDINIER SOLIT.

Autre moyen pour f.ire porter du fruit à un jeune ar- bre qui ne pousse qu'en bois, & ne donne point de fruit.

Il faut tailler fort long un jeu- ne arbre vigoureux qui ne don- ne point de branche à fruit, c'est-à-dire, à dix ou douze pou- ces, & cette taille se doit faire au mois de Mars. Il faut laisser sur cet arbre les branches de faux bois & celles qui sont inu- tiles, afin de les retrancher l'an- née suivante ; ces branches de faux bois absorberont la séve, & disposeront l'arbre à avoir une séve moderée, qui luy don- nera des branches à fruit.

LE CURIEUX.

Cela me paroist bon pour les arbres vigoureux ; mais si un ar- bre étoit languissant, quel reme- de doit-on apporter pour luy donner vigueur.

LE JARDINIER SOLIT.

Comme mon intention eſt de vous sparler de la maladie des ar- bre ; c'eſt là où vous verrez le remede qu'on doit apporter pour cet arbre languiſſant.

LE CURIEUX.

Cela ſuffit : obligez ‒ moy maintenant de m'éclaircir ſur une certaine taille en crochet, à la façon des Vignerons, que le Jardinier de M.... m'a dit être quelquefois néceſſaire pour rem- plir un vuide qui défigure la rondeur d'un arbre en buiſſon.

Voyez le traité de la maladie des arbres.

LE JARDINIER SOLIT.

Rien n'eſt mieux imaginé que cette taille ; nous en avons l'o- bligation à M. de la Quintinie qui en eſt l'auteur. Cette taille

Explication de la taille en crochet, & qui en eſt l'auteur.

se doit faire sur une grosse branche à bois, à trois ou quatre pouces de long, d'où il sortira de
bonnes branches à bois bien placées : j'en ay fait l'expérience sur
un arbre en buisson qui avoit un
vuide qui le défiguroit : le suc-
cés me fut favorable ; j'en eus
une belle & bonne branche à
bois qui le remplit : ainsi par ce
moyen la rondeur de l'arbre fut
rétablie.

Cette taille est tres-utile suivant l'expérience qui en a été faite.

LE CURIEUX.

Les effets de cette taille sont
dignes de remarque, aussi-bien
que de celle en talus. Comme
vous ne m'avez pas encore parlé
de la taille des Peschers, Abricotiers & Pruniers ; je vous prie
de me dire ce que vous en sçavez.

CHAPITRE IV.

De la taille des Pefchers, Abrico-tiers & Pruniers.

LE JARDINIERS SOLIT.

TOUT ce que je vous ay dit touchant la taille des arbres en buiſſon, convient à celle des arbres en eſpalier ; il n'y a que la figure d'éventail qu'il luy faut donner, & mettre en pratique la methode que je vous donne pour les bien conduire, elle conſiſte en ſix choſes : *La taille des arbres en eſpalier a bien du rapport avec celle des arbres en buiſſon à l'exeption de la figure.*

La premiére, eſt de faire détacher toutes les branches de l'arbre du treillage ; en ôter le bois mort & les branches chifonnes ; & n'y laiſſer que celles qui peuvent donner du bois, & du fruit. On diſtingue facile- *Six choſes à obſerver pour la taille des Peſchers* *On connoît les branches à fruit par les boutons, & celles à bois, parce qu'elles n'en ont point.*

ment les branches à fruit par les boutons qui font doubles, des branches à bois qui n'ont point de boutons.

La feconde, il faut tailler les branches à bois à quatre ou à cinq yeux felon la vigueur de l'arbre ; laiffer toutes les branches à fruit, mais n'y laiffer du fruit (quand il eft noüé) que la quantité qu'elles pourront nourrir.

La troifiéme, il faut donner une longueur raifonnable aux branches à fruit pour la premiere taille, fauf à les racourcir à la deuxiéme taille de la même année ; quand elles ne paroiffent pas affez groffes pour nourrir leur fruit.

La quatriéme, quand un Pefcher eft dégarni d'un côté de branches à bois, & qu'il n'y a que des branches à fruit ; il faut tailler court les plus groffes branches à fruit, afin qu'en donnant du fruit elles laiffent un demy bois : c'eft le moïen d'éviter le vuide qui eft le plus grand défaut d'un efpalier.

La cinquiéme, quand on voit une branche gourmande à un Pefcher, & qu'il n'y a point auprés d'elle de bonnes branches à bois : il faut conferver la branche gourmande, pour être taillée à dix ou douze pouces de long, afin qu'elle rempliffe le vuide de cet arbre, & l'on fera toûjours bien de laiffer une petite branche au bout de cette taille ; elle attirera la féve, & donnera de bonnes branches à bois & à fruit, fuivant l'expérience que j'en ay.

La fixiéme, dés qu'un Pefcher

ne produit plus de branches à bois dans les terres légéres ; il faudra l'arracher auſſi-tôt que ſon fruit ſera cueilly, à moins qu'il n'ait rejetté vigoureuſement des branches à ſon pied qui puiſſent ſuppléer au défaut des autres, & alors il le faudra tailler long ; c'eſt à-dire, à un bon pied,

Ce que nous avons marqué touchant la taille des Peſchers ſe doit obſerver pour celle des Abricotiers ; & le Prunier doit être taillé long.

Si vous me demandez en quel temps l'on taille les Peſchers & les Abricotiers, je vous répondray que je les fais tailler environ le 15. Mars ; & pour les Pruniers il faut les tailler dés le mois de Février.

Quand les

Dans les terres franches les Peſchers

Pefchers qui ne pouffent plus de branches à bois, ne doivent pas eftre arrachez ; mais il faut les rabbattre à 8. ou 10. pouces de la tige au mois de Novembre ou de Décembre : j'en ay vû qui ont donné plufieurs beaux jets ; ainfi par cette opération, vôtre arbre fe rajeunit. Il en eft de mefme des Abricotiers & des Pruniers : ces deux derniéres efpéces de fruits, donnent inmanquablement de nouveaux jets auffi-bien dans les terres égéres que dans les terres franches, j'en ay l'experience, à moins que les Abricotiers & les Pruniers n'ayent quelque maladie intérieure dans les racines, ou dans le corps de l'arbre.

Pefchers ne pouffent plus de branches à bois dans les terres franches, il les faut rabbattre.

LE CURIEUX.

Vos obfervations me paroif-

sent bonnes & utiles. Mais dites-
moy je vous prie, la raison pourquoy vous recommandez de
tailler à quatre ou cinq yeux les
jeunes arbres.

LE JARDINIER SOLIT.

*Raison pour-
quoy l'on
taille les
Peschers à
quatre ou
cinq yeux.*

*Les bran-
ches à fruit
du Pescher
périssent
aprés avoir
porté leur
fruit.*

*Accident
qui arrive
quelquefois
aux bran-
ches à fruit
du Pescher.*

C'est afin qu'ils donnent d'autres branches à bois & à fruit
en quantité pour l'année suivante : & si vous me demandez si les
branches à fruit du Pescher en
portent plusieurs fois comme
celles des Poiriers ; je vous répondray que non : elles périssent
pour l'ordinaire aprés avoir donné du fruit, & même souvent
elles périssent par la gelée ; par
les roux vents & les broüillards,
avant que de porter du fruit.
Quand cela arrive, il les faut toutes ôter tout aussitost qu'elles pa-
roissent mortes.

Il eſt à remarquer que la taille des Peſchers eſtant faite, ils
ſont en fleur peu de temps aprés.
Pour lors il faut les couvrir afin
de les garentir des reſtes de la
gelée ſi l'on veut avoir du fruit :
on ſe ſert pour cela ordinairement de paillaſſons que l'on met
devant les arbres. Ma methode
eſt de les couvrir avec des écoſſas de pois qui ont de longues
trainaſſes, leſquelles on larde au
treillage pour les faire tenir de
maniere qu'ils y reſtent juſqu'à
ce que les peſches ſoient groſſes
comme le bout du petit doigt ;
c'eſt le moyen d'en avoir une ſi
grande quantité, ſuivant l'experience que j'en ay, qu'on eſt obligé d'en oſter. Ce que je viens de
dire pour les Peſchers, ſe doit pratiquer auſſi pour les Abricotiers,
& pour les Pruniers qui ſont en
ſpalier.

Methode pour préſer-ver de la ge-lée du prin-temps les fleurs des peſchers, & pour en avoir du fruit.

L ij

LE CURIEUX

J'approuve fort vôtre méthode, & il ne me reste plus aucun
doute sur la premiere taille des
Pesschers en espalier. Venons
maintenant à ce qu'il faut faire
pour leur deuxiéme taille.

CHAPITRE V.

De la deuxiéme taille des Pes-
chers en espalier, & du temps
où il faut la faire.

LE JARDINIER SOLIT.

Cinq choses
à observer
pour la deu-
xiéme taille
des Peschers.

POUR bien réüssir à la deuxiéme taille des Peschers, il
faut observer cinq choses :

1. La commencer depuis la
mi-May jusqu'à la mi-Juin.

2. Ne retailler que les branches à fruit, supposé qu'il en soit

befoin : comme auffi celles qui font à demi féches : par ce retranchement les bonnes branches à fruit fe fortifieront.

3. Il faut décharger les branches à fruit quand on prévoit qu'elles ne pourront pas le nourrir, & tailler auffi celles qui n'ont point noüé.

4. Quand un Peícher a beaucoup de branches à fruit, & qu'il en a peu à bois, il faut tailler les plus groffes branches à fruit, de même qu'une branche à bois en faveur de l'arbre, pour l'avoir beau l'année fuivante.

5. Il faut retailler les branches gommées au-deffous de la gomme, & ofter tout ce qui eft fec, ou languiffant.

LE CURIEUX.

Je vois bien la neceffité de

cette feconde taille, qui fait que
la féve n'eft point occupée inutilement. Vous m'avez promis un
traité du pincement des Pefchers & de fon utilité : fouve-
nez-vous de voftre parole, & a-
joûtez-y s'il vous plaift quelque
chofe de l'ébourgeonnement.

CHAPITRE VI.

Du Pincement des Pefchers, Abri-
cotiers, Poiriers, & Figuiers,
& de l'ébourgeonnement.

LE JARDINIER SOLIT.

Maniere de
pincer les
Pefchers.

LE pincement des Pefchers
eft une maniere de taille qui
fe fait avec les ongles, à trois ou
quatre yeux fur un fujet tendre
& nouveau. Il empêche le paffa-

Les effets du
pincement.

ge trop fort de la féve, & la trop
haute pouffée ; il luy fait crever

des yeux, & donner pluſieurs branches, j'en ay l'experience.

LE CURIEUX.

Ce pincement eſt donc pour arreſter les branches qui veulent devenir gourmandes?

LE JARDINIER SOLIT.

Oüy, & c'eſt la raiſon pour- quoy M. de la Quintinie l'a mis le premier en uſage ; car ces ſor- tes de branches deviendroient trop groſſes & trop hautes, & ne pouſſeroient que du bois : au lieu qu'elles produiſent par ce pince- ment pluſieurs petites branches inferieures, qui ſeront bonnes à fruit, & d'autres à bois propres pour garnir l'arbre.

Ce qui peut arriver aux Peſchers quand ils ne ſont point pincez.

Les effets que produit le pincement des Peſchers.

LE CURIEUX.

En quel temps pincez - vous les Peſchers.

LE JARDINIER SOLIT.

Les mois de May & de Juin sont le temps de pincer les Peschers.

Raison pourquoy l'on ne doit pas pincer plus tard les Peschers.

Ce pincement se doit faire en May & en Juin : s'il se fait plus tard il ne produira pas le même effet. La raison est que les branches que l'on pinceroit plus tard ne donneroient au-dessous d'elles que des branches chifonnes & infructueuses pour l'année suivante. Car la séve est alors occupée à fortifier non-seulement les branches à bois, mais encore celles à fruit qui sont venuës de la première taille de l'année, & même à nourrir le fruit qui est sur l'arbre. Et ainsi toutes les branches qui viendroient de celles qui auroient esté pincées trop tard, seroient chifonnes & inutiles.

Ce qu'on a dit pour les Peschers se doit aussi

Ce que je viens de vous dire touchant les Peschers, se doit aussi entendre des Abricotiers,

Figuiers, Poiriers & des jets des vieux arbres qui ont esté greff z en couronne : quelques-uns n'ap- prouvent pas la pince des Pef- chers : je ne sçay s'ils l'ont jamais bien mise en pratique.

entendre pour les Abricotiers, Poiriers & Figuiers.

LE CURIEUX.

Ce que vous venez de me di- re du pincement me paroît tres- utile : vous avez encore à me parler de l'ébourgeonnement.

LE JARDINIER SOLIT.

L'ébourgeonnement des ar- bres consiste à oster les branches inutiles & toutes celles qui font confusion, afin que les bonnes branches à bois & à fruit se for- tifient & se conservent pour la beauté de l'arbre

L'ébourgeonnement des Pef- chers & Abricotiers se fait aussi

mois de May & de Juin ; & celuy des Poiriers en Avril & en
May : cette operation fe fait a-
vec la ferpette.

Il faut ôter
des Pefches
de deffus
les arbres ,
quand il y
en a trop,
pour qu'el-
les foient plus
belles &
meilleures.

En faifant l'ébourgeonnement
des Pefchers on oftera la trop
grande quantité de Pefches qu'il
y a fur les branches, afin que
celles qu'on laiffera en foient
plus groffes & mieux nourries.

Le Curieux.

Puifque vous avez commen-
cé à parler d'ofter la trop grande quantité de fruits qui font
fur les Pefchers, je vous prie de
m'inftruire fur la maniere de le
faire à l'égard des autres arbres.

❧✿❧

CHAPITRE VII.

De la maniere dont il faut gouver-
ner les fruits sur les arbres,
afin qu'ils ayent leur qualité.

LE JARDINIER SOLIT.

L A méthode pour avoir de
beaux & bons fruits eſt de
décharger l'arbre de leur trop
grande quantité. Je parle de
ceux d'Automne & d'Hyver; *Oſter les*
car pour ceux d'été, l'ardeur du *Abricots*
ſoleil les nourrit parfaitement, *quand il y*
en a trop
ainſi il n'eſt pas beſoin d'en ôter, *ſur les arbres.*
à la réſerve des Abricots leſquels
on peut faire vendre pour confirn
quaed on les ôte de bonne heure.

LE CURIEUX.

En quel temps ôrez vous la
trop grande quantité de fruits
de deſſus les arbres.

L vj

LE JARDINIER SOLIT.

Le temps d'ôter les fruits sur les arbres quand il y en a trop.

Le temps le plus commode eſt le mois de May pour les Abricots, & les Peſches; & les mois de Juin & de Juillet pour les fruits d'Automne & d'Hyver, afin de connoître & de bien choiſir les plus beaux & les mieux formez. Sur tout il faut retrancher ceux qui ſont piquez de vers, ou qui ont quelqu'autre tare connuë.

LE CURIEUX.

Faut-il laiſſer pluſieurs poires ſur chaque trochet?

LE JARDINIER SOLIT.

Comment il faut ôter les petits fruits de deſſus les arbres.

Non, on eſtime plus une ou deux belles poires, que pluſieurs petites: ſi donc on voit ſur un trochet une ou deux belles poires avec d'autres petites ; il faudra sans scrupule couper avec des ciseaux les petites par le milieu de la queuë, crainte de donner air à la séve, ce qui feroit alterer les autres fruits , & empêcheroit leur grosseur & leur nourriture.

LE CURIEUX.

Vous sçavez qu'il y a des poires qui tiennent si peu sur les arbres, que le moindre vent les abbat. Les Virgouleuses par éxemple, sont fort sujettes à cet accident, & plus les grosses que les petites ; ainsi en ôtant toutes les petites, selon ce que vous dites, mon arbre se trouveroit sans fruit.

LE JARDINIER SOLIT.

Vous prevenez ce que je vou- *Exception*

& précau-
tion pour la
Virgouleu-
se.

lois vous dire : il n'y a point de régle, qui n'ait son exception.

Pour cette espéce de Poire, il en faut laisser de petites, afin de n'en estre point privé entierement ; mais le meilleur conseil que je vous puis donner, est de n'en mettre que peu en buisson, mais beaucoup en espalier.

LE CURIEUX.

Je suivray vostre conseil : revenons maintenant aux Peschers. Faut-il oster d'une branche, qui auroit plusieurs pesches, celles qui sont les plus petites ? & si on les y laissoit, viendroient-elles à maturité ?

LE JARDINIER SOLIT.

La trop
grande
quantité de
fruits sur un

Il les faut oster : car autrement il arrivera que la chair de ces fruits sera rude & pâteuse, &

leur gouft fera aigre & amer,
l'expérience ne me l'a fait que
trop connoître. Je ne vous dis
point cecy feulement pour les
Pefches ; je vous le dis pour toutes fortes de fruits : fi vous en
voulez avoir de la fatisfaction,
ne fouffrez point qu'on laiffe fur
vos arbres ceux quiéon trop
preffez ; la raifon eft que l'air &
le foleil ne paffint point entre
ces fruits, ils feroient fujets à fe
pourrir.

*arbre, luy
ôte fa bonne
qualité.*

Il ne faut point auffi manquer
de faire vifiter tous vos Bon. hré-
tiens au mois d'Avril, & de Mey,
& voir s'il n'y a point de petites
chenilles noires, aufquelles ils
font fujets : car elles piquent les
poires, ce qui les rend toutes
contrefaites, les feche, & les fait
fouvent tomber.

*Accident
qu'il faut
prévoir à
l'égard du
Bon chré-
tien d'hyver.*

LE CURIEUX.

Obligez-moy de me dire s'il est neceſſaire de découvrir les fruits dont on a fait le choix, pour les laiſſer deſſus l'arbre en buiſſon & en eſpalier.

LE JARDINIER SOLIT.

Ce qu'il faut faire pour que les fruits ayent un beau coloris & un bon gouſt.

Oüy, ſi vous voulez que vos fruits ayent un beau coloris, & qu'ils avancent en maturité ; je n'en excepte point la Peſche Magdelaine blanche, qui prend une tres-belle couleur incarnate ſelon l'expérience que j'en ay : il n'y a que l'Avant-peſche blanche qui n'en prenne point, & la Blanche d'Andilly qui n'en prend que trés-peu : pour toutes les autres, quand on a ſoin de les découvrir de bonne heure, elles ſont d'une extrême beauté.

Nous avons auffi de certaines Poires dont le coloris eft agréable quand on ofte les feuilles de deffus, comme le Beurré rouge, l'Inconnu chéneau, le Bon-chrétien d'hyver, les Pommes d'apy. Pour les Mufcats & Chaffelas, il fera bon de les découvrir, afin qu'ils prennent une couleur d'ambre, & qu'ils ayent un gouft délicieux.

LE CURIEUX.

Continuez, je vous prie, de me dire le temps auquel il faut découvrir les fruits, & la maniére de le faire, afin qu'ils ayent un fi beau coloris.

LE JARDINIER SOLIT.

L'expérience m'a fait connoître qu'on peut commencer à la fin de Juin à ôter avec des cifeaux

Le temps auquel on doit découvrir les

les feüilles qui font fur les fruits, & continuer de le faire dans la fuite , furtout quand on voit à peu-prés qu'ils ont leur grofeur. Car pour lors il faut ôter entiérement toutes les feüilles qui font autour, afin que la rofée de la nuit, la pluye & les rayons du foleil donnent deffus.

Methode de
quelquesau-
teurs pour
donner cou-
leur aux
fruits.

Quelques Auteurs ont dit que pour leur donner couleur il faut avoir des feringues faites exprés, dont la pomme foit faite comme celles des arrofoirs de Jardinier avec lefquelles on les arrofe, ou on les feringue deux ou trois fois le jour pendant la grande chaleur du foleil. Je conviens avec

Les fre-
quents arro-
femens fur
les fruits en
diminuent la
bonne qua-
lité.

ces Auteurs que tels arrofemens réüffiffent toûjours pour donner la couleur aux fruits, mais ils me permettront de dire que cet ufage fréquent diminuëra la bonne

qualité du fruit, particuliérement des Pesches dont la pelure
est tres-fine; parce que l'eau de
ces arrosemens la pénétrant aifé-
ment, il est comme impoſſible
qu'elle ne se communique aux
fruits dont le gouſt ne fera plus
si relevé que si l'on ne se fervoit
pas de cet artifice.

Le Curieux.

L'attention que vous avez
fait sur les arrosemens des fruits
eſt digne de remarque, je m'en
tiendray à voſtre avis.

Je voudrois maintenant connoître la maturité des fruits, &
le temps auquel on les doit cueillir.

CHAPITRE VIII.

De la maturité des fruits, & du temps de les cueillir.

LE JARDINIER SOLIT.

L'experience fait connoitre la maturité des fruits.

LA connoissance de la maturité des fruits dépend plus de l'expérience que du raisonnement.

Je vais vous faire part de la mienne.

Quand le fruit d'esté se détache de l'arbre, c'est la marque de sa maturité.

Tous les fruits d'esté ne sont jamais meilleurs à manger, que lorsqu'ils se détachent de l'arbre, excepté les Poires qui sont sujettes à estre cotonneuses : car pour celles-là il faut les cueillir un peu avant leur maturité pour qu'elles soient bonnes.

Les Poires d'automne & d'hyver

Les Poires d'Automne comme Beurré, Moüille-bouche, Sueré-verd, &c. & celles d'Hyver fondantes, quoiqu'elles se détachent facilement de l'arbre, ne font pas bonnes à manger jusqu'a ce que leur fermentation les ait meuries? c'est pourquoy on les met dans la fruiterie. Le toucher donne la juste connoissance de la maturité des Poires fondantes, des Pesches, Abricots, Figues, &c. Cela se fait en mettant doucement le pouce sur chacune, de peur de les meurtrir : & si le fruit obéit sous le pouce, vous pouvez vous assûrer qu'il est dans sa maturité.

ne font bonnes que lorsque leur fermentation les a fait meurir dans la fruiterie.

Ce qui fait connoître que les Poires fondantes sont dans leur maturité.

Mais, me direz-vous, comment connoître sous le pouce la maturité des Poires qui sont cassantes, comme le Bon-chrétien musqué, le Messire-Jean & autres de cette qualité, qui sont toûjours fermes? Pour celles-là

Le goût seul décide de la maturité des Poires cassantes.

il n'y a que le gouſt qui en décide, je parle par expérience.

LE CURIEUX.

Ce que vous venez de me dire eſt bon à ſçavoir. Un de mes
amis me dit ces jours paſſez, que
pour manger le Pavie de Pomponne, le Brugnon violet, la Peſche violette hâtive & tardive
dans leur parfaite bonté, il falloit les laiſſer meurir ſur l'arbre
juſqu'à ce qu'ils ſe détachaſſent
d'eux-meſmes. Je voudrois bien
ſçavoir ſi c'eſt là vôtre ſentiment.

LE JARDINIER SOLIT.

L'on ne peut juger de la bonté du Pavie de Pomponne, du Brugnon, des Peſches vio.

Il eſt vray que pour juger de
la bonté de ces fruits, il faut obſerver ce que voſtre amy vous a
dit : ils en ſeront d'un gouſt plus
ſucré & plus vineux ; je l'ay experimenté. Mais il y a une pré-

caution à prendre, dont voſtre amy peut-eſtre ne vous a point parlé, & qui eſt tres-néceſſaire ; c'eſt de faire mettre de la paille aux pieds des arbres nains en eſ- palier de l'épaiſſeur d'un bon de- mi pied, pour que quand le fruit ſe détachera de luy-même, il ne ſoit point meurtri ; & ſi à cet eſ- palier il y a des arbres à haute ti- ge, je vous conſeille d'avoir des paillaſſons faits exprés, de la lar- geur d'un pied & demy, & de la longueur de l'arbre paliſſé. Ces paillaſſons auront un bord ſur le devant d'environ quatre doigts de hauteur, & autant aux deux bouts, pour empeſcher que le fruit ne tombe à terre ; on les at- tachera avec de la corde par les deux bouts en l'air au treillage ; cela garentira le fruit d'eſtre meurtri auſſi-bien que celuy des arbres nains.

lettes hâti-
ves & tar-
dives, que
ces fruits
ne ſe déta-
chent d'eux-
mêmes de
l'arbre.

Précaution
a prendre
pour les
fruits qui ſe
détachent
des arbres.

De quelle
manière doi-
vent eſtre
faits les pail-
laſſons pour
conſerver
les fruits
qui ſe déta-
chent de
l'arbre.

Suite du même sujet pour les Poires de Bon-chrétien d'hyver.

Il est bon de faire de même pour les Poires de Bon-chrétien d'hyver, environ quinze jours avant que de les cueillir ; afin que s'il y en a quelques-unes qui se détachent de l'arbre, elles ne soient point endommagées : Je me suis tres-bien trouvé de cette précaution qui m'en a fait conserver de tres-belles.

Le Curieux.

Continuez je vous prie, de me dire le temps auquel on cueille les fruits d'Automne & d'Hyver.

Le Jardinier Solit.

La maturité des fruits d'automne & d'hyver, dépend de la qualité de la

Le temps de cueillir les Poires d'Automne & d'Hyver, est une chose importante à sçavoir :

Les fruits meurissent plûtost dans une terre légére & chaude, que dans celle qui est froide & humi-

humide. Cela fupofé, vous ob
ferverez fi dans l'année, les mois
d'Avril & de May font doux :
s'ils le font, vous devez juger que
les fruits meuriront de meilleure
heure. Si l'année eft chaude ou
feche au mois d'Aouft & de Septembre; dans les terres légéres
on cueillera les poires d'Automne vers le douziéme ou quinziéme du mois de Septembre ; &
les Poires d'hyver au douziéme
ou quinzieme d'Octobre, excepté le Bon-chrétien d'hyver, qui
doit eftre cueilli environ une femaine plus tard, pour qu'il fe
perfectionne dans fa maturité.

 Les Pommes doivent être auffi
comprifes au nombre des fruits
d'hyver : elles fe doivent cueillir
vers le douze ou le quinze d'O-
ctobre.

 Mais fi ces deux derniers mois

terre pour
être cueillis
plûtoft ou
plus tard.

Remarque
utile à fça-
voir pour ju-
ger du temps
de la matu-
rité des
fruits

M

font froids & humides, comme
nous avons vû dans quelques-unes des années paſſées, où les
ſaiſons étoient déréglées ; pour
lors il faudra cueillir les Poires
plus tard, c'eſt-à-dire, celles
d'Automne à la fin de Septembre ; & celles d'hyver en Novembre : & ainſi des Pommes,
& dans les terres qui ſont froides
& humides, l'on cueillera le fruit
dix jours, ou environ, aprés le
temps que nous avons marqué
pour les terres légéres.

Raiſon pour-
quoy il ne
faut jamais
cueillir le
fruit par un
temps humi-
de.

Il faut choiſir un beau jour &
ſec pour cueillir le fruit, afin qu'il
ſe conſerve mieux : le faire avec
attention, en ſorte que toutes les
poires ayent leur queuë, & les
mettre dans le panier doucement, pour être miſes enſuite
ſur les tablettes les unes aprés les
autres.

LE CURIEUX.

Je voudrois bien sçavoir la maniere de gouverner les fruits dans la fruiterie, afin qu'ils ne se gâtent, ni ne se gélent point.

CHAPITRE IX.

De la Maniére de conserver les fruits dans la fruiterie.

LE JARDINIER SOLIT.

LA maniere de conserver les fruits est de telle consequence, qu'elle mérite bien qu'on y fasse attention : par exemple, les pesches sont incomparablement meilleures d'estre cueillies trois ou quatre jours avant qu'on les veuille manger : il faut les mettre dans la fruiterie dessus des feüilles de verjus bien séches,

Il faut mettre les fruits sur les tablettes selon la situation qu'ils doivent avoir.

Les Pesches doivent être sur leur queüe.

M ij

leur fituation doit eftre deffus leur queuë pour éviter qu'elles ne fe gâtent, ce qui ne manqueroit pas d'arriver fi on les mettoit fur le cofté. Il fera néceffaire de les vifiter tous les jours pour manger les plus meures les premiéres.

La marque de la maturité des Figues, & la fituation qu'elles doivent avoir dans les corbeilles.

Si l'on veut manger des Figues bien meures, on cueillera celles qui ont à l'œil une larme de firop ; jamais on ne le fera dans l'ardeur du foleil, on les mettra deffus le cofté dans une corbeille garnie de feüilles ; on les portera dans la fruiterie pour y paffer la nuit, le lendemain elles feront rafraîchies, & d'un gouft délicieux. Quand l'on voudra les fervir fur la table, il ne faudra point les changer de fituation.

Fruits dont

Les Abricots & les Prunes

sont bien en quelque situation qu'on les mette dans les corbeilles; mais si vous voulez manger des Abricots qui soient d'un goût plus relevé, que quand on les cueille, il faut les laisser un jour ou deux sur les tablettes de vôtre fruiterie avant qu'on les serve: ceux qui sont venus en plein vent, ont toujours un goût plus vineux & plus musqué, que ceux qui sont en espalier.

la situation est indifferente en les mettant dans les corbeilles

Abricots.

Si vous voulez conserver vos Prunes bien fleuries, il les faut mettre dans une corbeille aprés estre cüeillies, & des feüilles d'ortye par dessus; elles ne doivent point estre survuidées, de crainte de les défleurir; elles n'en seroient pas si agreables à la veuë. Je vous conseille de faire mettre les corbeilles dans vôtre fruiterie un jour ou deux pour

Suite du même sujet pour les Prunes.

que les prunes se rafraîchissent; en ce cas elles seront préferées à celles qu'on cueilleroit dans la grande chaleur du jour pour estre mangées sur le champ.

Les Raisins étant cueillis, pour les bien conserver, on les mettra dans un lieu sec, où il ne géle point; ils seront bien sur de la paille, mais ils se conserveront mieux étant pendus en l'air.

Le secret d'en avoir qui durent long temps, est de les faire cueillir un peu avant leur maturité.

LE CURIEUX.

Je suis tres-satisfait de ce que vous venez de me dire touchant les fruits d'esté. Parlons presentement de ceux d'hyver, & apprenez-moy la maniére de les conserver dans la fruiterie. Quand on voit un beau jour

en hyver, & qu'il ne gêle point,
y auroit-il du risque de leur
donner quelquefois de l'air ?

LE JARDINIER SOLIT.

Le moïen de conserver vos
fruits d'hyver dans vôtre fruiterie jusques au temps qn'ils doivent durer, c'est de n'y point
donner d'air ; car il corromproit
l'air temperé qui est au dedans
de vôtre fruiterie, & causeroit
un desordre considerable à vos
fruits : c'est pourquoy les fenêtres étant bien fermées & cal-
feutrées, il ne faut point les ouvrir pendant qu'il y aura encore
du fruit, quand ce seroit même
au printemps.

Il est dange-
reux de don-
ner de l'air
à une fruite-
rie en hyver,
quoiqu'il ne
gèle point.

LE CURIEUX.

Je ne vois pas qu'il y ait sujet de crainte, que la gelée puis-

M iiij

se gâter les fruits au printemps,
n'étant pas assez violente pour
cela. Par exemple, les poires de
Bonchrétien d'hyver, & les pommes de Reynette en ouvrant les
fenêtres par un beau soleil l'a-
près midy, pourroient-elles souf-
frir du dommage de la gelée?

LE JADINIER SOLIT.

Ce n'est pas sans raison, que
je vous ay dit, qu'il ne faut point
ouvrir les fenêtres de vôtre fruiterie, tant qu'il y aura des fruits:
car en donnant de l'air ils per-
dront entierement leur qualité.
Les Bons chrétiens deviendront
noirs, les pommes deviendront
fanées, & ridées, en sorte que
vos fruits ne seront point agréables, ni à la veuë, ni au goût.

LE CURIEUX.

N'y a-t-il point encore d'autres précautions à prendre pour conserver les fruits ?

LE JARDINIER SOLIT.

Oüy. Quand on voit que la gelée est violente, il ne faut pas s'imaginer, qu'il ne puisse pas geler dans vôtre fruiterie, quoyque vous ayez pris toutes les précautions, que je vous ay marquées ; il faut encore, pour en *Epreuve* estre seur mettre des petits go- *qu'on doit* dets de terre pleins d'eau, qui se- *faire pour ne point estre* ront un avertissement pour con- *surpris de la* noître s'il n'y gêle point ; & pour *gelée dans une fruite-* peu que l'eau en soit glacée le *rie.* lendemain, il faut mettre dessus les fruits une couverture de lit.

Au reste il ne faut pas man- *Les souris-* quer à mettre dans vôtre fruite- *sières sont utiles dans*

M v

une frui-
terie.

rie plufieurs fouriffieres , elles
fervent de piege aux fouris qui
gâtent vos fruits.

LE CURIEUX.

Je profiterai de tous vos avis,
je vous demande à préfent qu'elle eft la methode de tailler la vigne, & fi elle eft abfolument neceffaire.

CHAPITRE X.

De la Taille de la vigne.

LE JARDINIER SOLIT.

Il eft nécef-
faire de tail-
ler la vigne
pour avoir
du beau &
bon fruit.

RIEN n'eft plus aifé à tailler
que la vigne, & rien n'eft
plus néceffaire ; par la raifon que
fi on ne la tailloit point, le fruit
n'auroit pas la qualité de celuy
dont la taille auroit efté faite

dans le temps, & la vigne périroit infailliblement.

La taille des ceps de vigne se
fait au mois de Mars, quoiqu'il
y ait des Auteurs qui soient du
sentiment de tailler en Février,
& même plûtost.

Le veritable temps de tailler la vigne.

Pour bien faire cette taille il
faut observer cinq choses.

La premiere est qu'il faut retrancher tout le bois mort, &
toutes les branches qui sont inutiles.

Cinq observations.

La seconde, qu'il faut tailler
sur les plus grosses branches les
mieux placées à quatre yeux, &
celles au dessous à deux yeux,
que nous appellons coursons.

La troisiéme, que quand on
taille il faut avoir la précaution
de laisser un bon doigt de bois
au dessus de l'œil du haut de
la branche taillée.

La quatriéme, qu'il faut que la taille soit faite en talus de l'autre costé de l'œil pour ne point l'endommager ; car la vigne venant à estre en séve, & pleurant beaucoup , si le talus étoit du côté de l'œil , il en seroit noyé par l'abondance de l'eau qui sortiroit du haut de la branche taillée.

La cinquiéme, qu'il faut estre soigneux de faire ébourgeonner la vigne & la lier dans le temps, qui est en May, Juin & Juillet ; afin que le fruit profite, & meurisse dans sa perfection.

Le Curieux.

J'ay remarqué que dans vôtre seconde observation, vous dites qu'il faut tailler à deux yeux la branche, au dessous de celle qui est taillée à quatre yeux, je voudrois bien en sçavoir la raison.

LE JARDINIER SOLIT.

Il n'est pas difficile de vous la donner. Cette branche taillée à deux yeux, & que nous appellons courson est ainsi taillée, dans l'esperance qu'elle nous donnera deux bonnes branches, qui seront les sujets sur lesquels on taillera l'année suivante, afin que dans le temps on retranche la branche, qui avoit esté taillée à quatre yeux l'année précédente, avec toutes celles qu'elle avoit données de cette taille, qui suivant le cours ordinaire doit en avoir donné une par chaque œil: & si vous me demandez la maniere de tailler les deux branches que le courson a données, je vous répondray, que la plus haute des deux sera taillée à

Raison pourquoy l'on taille une branche à deux yeux.

quatre yeux, & la plus baſſe à deux yeux pour ſervir de cour-ſon.

LE CURIEUX.

Je conçois bien ce que vous venez de me dire, mais je vous prie de m'éclaircir ſur deux dif-ficultez, qui peuvent arriver tou-chant ce courſon. La premiére eſt, ſuppoſé qu'il n'ait donné qu'une branche, que faut-il faire en pareil cas?

La ſeconde eſt, ſi ce courſon n'a donné aucune branche, ſur quoy feray-je ma taille?

LE JARDINIER SOLIT.

Ce qu'il faut faire quand un courſon n'a donné qu'une branche.

La difficulté n'eſt pas ſi grande que vous le penſez. Vous ſuppo-ſez en premier lieu, que ce cour-ſon n'a donné qu'une ſeule bran-che, ce qui à la verité arrive quel-

quefois ; en cette occafion il faut
tailler cette branche en courfon,
c'eft-à-dire à deux yeux, & vous
taillerez à quatre yeux la branche la plus baffe d'entre celles
qui feront venuës de la taille de
l'année précedente, en retran-
chant toutes les autres.

Pour la feconde difficulté où
vous fuppofez, que le courfon,
dont vous efperiez avoir deux
branches, ne vous en a donné
aucune. Il eft aifé d'y fatisfaire.

Ce qu'il faut faire quand un courfon n'a donné aucune branche.

Il faudra pour lors avoir recours à la branche taillée l'année
précedente, qui peut en avoir
donné comme je vous ay dit jufques à quatre ; & pour lors vous
vous attacherez aux deux qui
font les plus baffes ; vous taillerez la plus haute à quatre yeux,
& de la plus baffe vous en ferez
un courfon. Voila ma methode,

& je crois que c'eſt celle des Auteurs, qui en ont parlé le mieux.

Le Curieux.

Je vous ſuis tres-obligé de m'avoir ſi bien inſtruit ſur ces deux difficultez, je vous prie de me dire queile eſt la maniére de cultiver les Figuiers ; vous ſçavez que vous ne m'en avez encore rien dit.

Chapitre XI.

Traité des Figuiers, & de la maniére de les cultiver.

Le Jardinier Solit.

AVANT que de ſatisfaire à vôtre demande, il eſt bon de vous dire quelles ſont les Figues, qui réüſſiſſent le mieux au climat de Paris. Je n'en connois

que de quatre fortes, qui meurif-
fent parfaitement bien.

La premiere, eft la figue
Blanche-ronde.

La feconde, eft la Blanche-
longue.

La troifiéme, l'Angelique.

La quatriéme, la Violette.

Des Figues qui réüffif-fent le mieux au climat de Paris.

Pour la figue Blanche-ronde, vous n'en fçauriez trop avoir
dans vôtre Jardin, foit en caiffes, foit en buiffons ou efpaliers:
elle eft tres-excellente & tres-
eftimée. L'arbre charge beaucoup.

De la Figue Blanche-ronde.

Pour la Blanche-longue je ne
vous confeille point d'en avoir
quantité. Elle eft tres-delicate,
& fucrée; mais l'arbre a ce défaut de charger peu de fruit.

De la Figue Blanche-longue.

L'Angelique a fon mérite dans
l'Automne; quand elle eft bien
meure, elle eft excellente.

De la Figue Angelique.

De la Figue Violette.

La Violette meurit tres-bien; mais n'ayant pas la qualité des Blanches, je n'en fais point si grand cas, néanmoins je ne blâmeray point ceux qui les aiment, d'en avoir quelques arbres dans leur Jardin.

Le Curieux.

De quelle maniere conseillez vous plûtost d'avoir des Figuiers? & les estimez-vous mieux en caisses, en buissons, ou en espaliers?

Le Jardinier Solit.

Raison pourquoy il est plus avantageux d'avoir des Figuiers en caisse qu'en pleine terre.

Mon sentiment est, que vous en avez plus en caisse qu'en aucune autre maniere: ils réüssissent mieux, & on est plus seur d'en avoir des fruits: ils meurissent parfaitement bien, & plûtost, parce qu'une motte de terre eſt plûtoſt échauffée qu'une maſſe entiere.

On a l'avantage de les conſer-ver l'hyver facilement dans la ſerre. Il n'eſt pas beſoin que la ſerre ſoit ſi chaude que pour des Orangers : On les y met au mois de Novembre, & i's n'ont be-ſoin d'aucun arroſement pen-dant l'hyver.

LE CURIEUX.

En quel temps faut-il tirer les caiſſes de la ſerre, & que faut-il faire quand elles en ſont dehors?

LE JARDINIER SOLIT.

L'on tire de la ſerre les figuiers en caiſſes au mois d'Avri', & on leur donne, auſſi-toſt qu'ils en ſont dehors une bonne moüillu-re une ſeule fois ; en ſuite on les met à l'abry, & ſi l'on voit le

Le temps de tirer les caiſ-ſes les Fi-guiers de la ſerre.

temps difpofé à donner encore quelque refte de gelée, ou de
grêlons, ou de roux vents, il faut
avoir la précaution de les couvrir avec des draps, pour les garentir.

Mais pour éviter ces accidens,
il faut vous avertir que ce n'eft
qu'à la fin d'Avril qu'il les faut
faire fortir de la ferre.

LE CURIEUX.

Quand on n'aura plus fujet de
craindre ces fortes d'accidens,
à quelle expofition faut-il les
mettre ?

LE JARDINIER SOLIT.

Situation où
doivent eftre
mis les Fi-
guiers en
caiffes.

En les tirant de ces abris, il les
faut expofer en plein air, & en
plein foleil, en fuite les arrofer
deux fois la femaine, & dans les
mois de Juin, Juillet, & Aouft,

on les doit arrofer de deux jours l'un; mais dans les exceffives chaleurs, on fera bien de les arrofer tous les jours, pour que les Figues foient plus groffes.

Les arrofe-mens fre-quens font utiles aux Figuiers a-fin d'en a-voir de gros fruits.

LE CURIEUX.

Je voudrois bien fçavoir combien d'années un figuier doit eftre dans une caiffe, fans en eftre changé.

LE JARDINIER SOLIT.

Si vous voulez que vos Figuiers en caiffes vous donnent de la fatisfaction, il les faut laiffer dans leurs premieres caiffes deux années fans les changer. Ce temps étant fini, il les faut mettre dans d'autres caiffes qui foient plus grandes, & les changer en fuite de quatre ans en quatre ans: il n'y faut pas manquer. A chaque

Pour faire que les Fi-guiers en caiffe réüffif-fent.

fois que vous les changerez, il
faudra retrancher une partie de
leurs racines.

LE CURIEUX.

Quand les Figuiers deviennent
trop gros pour eſtre mis dans
d'autres caiſſes, qu'en faites-
vous?

LE JARDINIER SOLIT.

Mettre les Figuiers qui ſont en buiſ- ſon, en plein Soleil.

Je les faits mettre en pleine
terre dans un endroit un peu
ſpacieux, & en plein Soleil, pour
demeurer en buiſſon. Et ſi vous
me demandez comment les conſerver l'hyver de la gelée, je vous

Methode pour garen- tir les Fi- guiers en buiſſon de la gelée.

répondray que quand le temps
vient où l'on eſt obligé de les
couvrir, ce qui arrive quand on
voit que le temps ſe diſpoſe à la
gelée, il faut lier toutes les branches enſemble avec de l'ozier,

& les emmaillotter enfuite tout
au tour avec de la paille liée d'o-
zier; l'expérience en eft certaine.

LE CURIEUX.

Faites-vous arrofer les Figuiers
en buiffon & en efpalier de même que ceux qui font en caiffe?

LE JARDINIER SOLIT.

Les Figuiers en buiffon, non
plus que ceux qui font en efpalier, n'ont pas ordinairement befoin d'arrofement, parce que
leurs racines étant en pleine terre, elles s'allongent, & trouvent
affez de fraîcheur en terre pour
nourrir leurs fruits. Mais dans les
exceffives féchereffes, je vous
confeille de leur faire donner
une bonne moüilleure, afin que
les Figues en foient plus groffes.

Les Figuiers en pleine terre n'ont pas befoin d'arrofement, fi ce n'eft dans une grande fichereffe.

LE CURIEUX.

Paliſſez-vous les Figuiers qui ſont en eſpalier comme l'on fait les Poiriers & les Peſchers?

LE JARDINIER SOLIT.

Comment il faut paliſſer les Figuiers. Les Figuiers en eſpalier ne veulent pas eſtre contraints, ni attachez de prés comme les autres arbres en eſpalier; il les faut laiſſer écarter par la tête pendant le Printemps, & l'Eſté; & les paliſſer à des perches qui doivent eſtre ſur de longs crochets.

LE CURIEUX.

Je ſuis en peine de ſçavoir comment il faut conſerver les Figuiers qui ſont en eſpalier pendant l'hyver, pour qu'ils ne gélent point.

LE JAR-

LE JARDINIER SOLIT.

Il y a deux maniéres de garentir les Figuiers en efpalier de
la gelée. La premiere eft de les
attacher proche de la muraille
tout droits, & les couvrir de
paillaffons. La feconde eft de les
coucher, & de les lier avec de
l'ozier, & les couvrir avec de la
grande litiere féche, ou de la
paille.

Ce qu'il faut faire pour garentir de la gelée les Figuiers en efpalier.

LE CURIEUX.

Mais fi par malheur, il arrive qu'ils foient gelez, les faut-il
arracher?

LE JARDINIER SOLIT.

Non, il les faudra refapper
tout bas quand les branches feront mortes : mais je vous confeille, aprés l'expérience que j'en

Ce qu'il faut fair aux Figuiers qui ont été gelez.

N

ay faite, d'attendre à la Saint Jean à le faire, parce que leur féve êtant abondante, elle remplira, & fera pousser plusieurs branches, qui paroissoient mortes.

LE CURIEUX.

Il est avantageux de sçavoir ce secret. Mais je vous prie de m'apprendre de quelle maniére se font les marcottes de Figuiers sur les vieux pieds ?

LE JARDINIER SOLIT.

Methode pour faire des marcottes de Figuiers.

Il faut au mois de Mars coucher les bonnes branches, qui sont au pied des Figuiers en la maniére qu'on fait les marcottes de vigne ; & au mois de Mars ou d'Avril de l'année suivante, où elles auront inmanquablement pris racine, il faudra les sevrer du pied de l'arbre, & jamais au mois d'Octobre.

LE CURIEUX.

Ce dernier mot que vous venez de me dire me fait souvenir
d'avoir vû des marcottes, qui
avoient de bonnes racines, qu'on
avoit mises dans des pots, & dans
des caisses, & qui en effet n'ont
point reüssi. C'est ce qui m'obli-
ge de vous demander la maniére dont vous les cultivez aprés
qu'elles sont sevrées.

LE JARDINIER SOLIT.

La veritable maniére de cultiver une marcotte de Figuier, en
sorte qu'elle vous fasse un arbre
en peu de temps, est de couper *La maniére*
la tige de ladite marcotte à un *de cultiver*
les marcottes
pied audessus de sa racine, tail- *de Figuiers.*
ler ladite racine un peu courte,
avoir de la bonne terre mélangée
avec du fumier reduit en terreau

N ij

par moitié, qu'on mettra dans une moitié de manequin d'environ six pouces de diametre: planter la marcotte dedans, & ensuite faire une couche de fumier: & aprés que sa grande chaleur sera éteinte, mettre le manequin dans ladite couche qu'on aura soin de réchaufer de temps à autre, pour entretenir le dégré de chaleur, dont le Figuier est amateur : si l'on y joint l'arrosement qu'il est necessaire d'y faire de fois à autre, la marcotte poussera vigoureusement.

Les marcottes de Figuiers doivent estre dans la couche jusqu'au mois d'Octobre.

Que si vous demandez s'il faut laisser long-temps cette marcotte dans la couche ; je vous répondray, qu'il faut qu'elle y soit jusques au mois d'Octobre.

LE CURIEUX.

Que faites-vous de cette mar-

cotte aprés l'avoir fait retirer de
la couche?

LE JARDINIER SOLIT.

Le manequin étant hors de la
couche, vous le couperez pour
avoir la marcotte en motte, &
vous la mettrez dans une caiſſe
d'environ neuf pouces de diametre, ſi la marcotte eſt un peu
groſſe : Si non il faut en avoir
une plus petite, & toûjours ſe
ſervir de terre mélangée avec du
terreau, autre que celuy des couches. La marcotte étant ainſi
plantée dans la caiſſe, l'on obſervera de mettre du fumier gras
au pied par deſſus la terre, & de
ne pas attendre que la gelée ſoit
venüe pour la mettre dans la ſerre juſqu'au mois d'Avril ſuivant,
ou au commencement du mois
de May pour plus grande ſeure-
té.　　　　　N iij

Ce qu'il faut faire aprés que la marcotte de figuier eſt hors de la couche.

LE CURIEUX.

Si l'on veut que cette marcotte foit pour un efpalier, faut-
il la mettre en place dans fon
manequin, en même temps
qu'elle eft hors de la couche, ou
bien attendre au Printemps pour
mettre en terre ?

LE JARDINIER SOLIT.

Quand on aura ofté de la couche le manequin, dans lequel
eft la marcotte, on la mettra en
terre en efpalier avec le manequin qui fera bien-tôt pourri, &
on aura la précaution au commencement de l'hyver, d'y mettre un paillaffon attaché à la muraille, pour la garentir de la gelée jufqu'au mois de May ; on
aura foin au Printemps de l'arrofer, & même plus fouvent dans
les grandes chaleurs.

Cependant ſi on a la commodité d'une ſerre, il faut mettre le manequin ſortant de la couche dans la ſerre, pour la conſerver de la gelée pendant l'hyver ; & au mois d'Avril, ou au commencement de May il eſt plus ſeur de la planter avec ſon manequin, comme je viens de dire.

Précaution néceſſaire à obſerver pour les marcottes de Figuiers ſortant de la couche.

LE CURIEUX.

Ne ſçavez vous point quelque autre maniére de faire prendre racine à une branche de Figuier, qui ſoit d'une moyenne groſſeur ſur un vieux pied, pour avoir un arbre formé dés la premiere année, & qui porte fruit.

LE JARDINIER SOLIT.

J'en ſçay deux. La premiére eſt de choiſir une branche ſur un

Autre ſecret pour avoir pluſieurs

marcottes en caiſſe d'un Figuier en buiſſon.

vieux pied, qui ſoit moyenne-ment groſſe, deſſus laquelle il y ait trois ou quatre branches : Il faut ôter de la tige de cette branche l'écorce entre deux nœuds : cela étant fait on la paſſera dans une caiſſe, & l'on fera en ſorte que l'endroit d'où l'on a ôté l'écorce, ſe trouve à quatre pouces au deſſus du fond de ladite caiſſe : enſuite l'on remplira la caiſſe de terre & de fumier mélangez enſemble, & on l'arroſera quand il en ſera be-ſoin : cela étant obſervé, la bran-che prendra racine à l'endroit auquel on a ôté l'écorce.

Précaution qu'il faut prendre avant que de ſerrer les groſſes mar-cottes de Fi-guiers.

Il y a une choſe encore à ob-ſerver ; c'eſt de voir au mois d'Octobre ſi la marcotte a pris racine ; il pourroit arriver qu'el-le n'en auroit pas, par quelque indiſpoſition de l'arbre, ou par la

négligence du Jardinier, qui auroit manqué à l'arrofer dans le
temps néceffaire. Mais fi le vieil
arbre eft vigoureux, & qu'on ait
eu foin de l'arrofer, vous pouvez
compter feurement qu'elle aura
pris racine, l'expérience me l'a
fait connoître. Et il faudra pour
lors fevrer la branche au deffous
de la caiffe, la mettre dans la ferre, comme elle eft, & au Printemps luy donner une autre caiffe de la grandeur qui luy con-
viendra pour y eftre mife en
motte. On en a vû porter du
fruit dés la même année.

La feconde maniére de faire *Pour faire*
prendre racine à une bonne *prendre raci-*
ne à une
branche de moyenne groffeur, *branche de*
eft de faire une incifion au tour *Figuier*
d'une grof-
de la tige, à l'endroit où l'on veut *feur raifon-*
qu'elle prenne racine, & y met- *nable.*
tre un fil de fer bien ferré avec

N v

des tenailles, & obferver tout ce qu'on a dit pour celle à qui l'on a ofté la pelure. Cette méthode eft immanquable.

LE CURIEUX.

L'invention en eft bien singuliére. Je me fuis laiffé dire qu'on pouvoit faire prendre racine à des boutures de Figuier que l'on coupe au pied de l'arbre ; en fçavez-vous la pratique ?

LE JARDINIER SOLIT.

Méthode pour faire prendre racine à des boutures de Figuier.

Oüy, elle eft facile. Suppofez que vous ayez plufieurs boutures à qui vous voulez faire prendre racine : il faut faire une rigole d'un pied de profondeur, & d'environ un bon pied de large, remplir cette rigole de bon fumier gras pourri, & y planter les boutures en la maniére qu'on plante la vigne, c'eſt-à-dire un peu courbées, & avoir ſoin d'ar-roſer quand il eſt néceſſaire; elles prendront racine, & ſeront en état d'être levées dans quelques années. On aura ſoin auſſi au commencement de l'hyver de les couvrir de litiére ſéche, ou de paille, pour les garentir de la gelée.

LE CURIEUX.

Continuez je vous prie de me dire comment il faut faire pour bien cultiver les Figuiers en caiſſe, ou en eſpalier. Je vous demande s'ils viennent à toutes les expoſitions du Soleil, & dans toutes les terres de quelque qua-lité qu'elles ſoient.

LE JARDINIER SOLIT.

Les Figuiers ne réüſſiſſent *Les terres*

N vj

humides & froides, font contraires aux figuiers. point dans des terres humides, pefantes & froides; il ne faut pas auffi les planter deffous des égoûts; ils aiment les terres meubles & chaudes; la charrée, c'eft-à-dire les cendres qui ont fervi aux leffives, leur eft tres-propre auffi bien que le fumier bien haché & le terreau.

Toutes les expofitions font bonnes pour les figuiers. Les figuiers viennent bien à toutes les expofitions ; je n'en excepte point le nord ; il eft vray neanmoins que leurs fruits en font plus tardifs, & qu'il n'en faut point attendre de fecondes figues.

LE CURIEUX.

Il eft bon de fçavoir ce que vous venez de me dire. Apprenez-moy je vous prie à prefent comment il faut tailler les figuiers.

LE JARDINIER SOLIT.

La taille des figuiers est aisée à faire : en voicy la maniére.

Comme le fruit de cet arbre ne vient que fur fes groffes branches ; ce font celles qu'il faut tailler en les pinçant, ou en coupant les jets trop longs qui s'emportent, afin de leur faire faire des branches à fruit, & de faire groffir leurs fruits.

Obfervations pour tailler les figuiers.

Il faut ofter tout le bois mort, comme auffi toutes les branches de faux-bois, on les connoift par leurs yeux plats.

Tous les ans au mois de Mars ou d'Avril, il faut ofter tous les rejettons qui font au pied des figuiers ; & fi l'on veut leur faire prendre racine, on mettra en pratique la méthode, que je vous ay donnée.

Il faut au mois de Juin pincer les grosses branches qui auront poussé depuis le Printemps ; & cela pour trois raisons.

Trois choses obligent à pincer les figuiers.

La premiére, pour leur faire donner un plus grand nombre de jets durant l'Esté ; la seconde, pour que les secondes figues meurissent mieux ; la troisiéme pour avoir des premiéres figues en plus grand nombre l'année suivante.

LE CURIEUX.

Je suis content de ce que vous venez de me dire touchant la maniére de cultiver les figuiers, je vous demande à present la mé-thode de greffer les arbres.

◄◦❀◦►

CHAPITRE XII.

Traité des Greffes.

LE JARDINIER SOLIT.

JE ne vous ferai mention, que de trois différentes sortes de greffes, sçavoir de celle de l'écusson, de celle de la fente, & de celle en couronne.

Dans ce traité il n'est parlé que de trois sortes de greffes.

La greffe en écusson, que nous appellons à la pousse, est la même que l'écusson en œil dormant, avec cette différence neanmoins, qu'à celle qui se fait à la pousse, l'on coupe la tige du sauvageon à quatre doigts ou environ au dessus de la greffe aussi - tôt que l'on a posé l'écusson, & qu'elle se fait au mois de Juin, au lieu que la greffe en écusson en œil dormant se fait en Juillet, Aoust, &

Temps auquel on fait les greffes en œil dormant.

Septembre, & que l'on coupe la tige pareillement à quatre doigts au deſſus de la greffe, mais ſeulement au mois d'Avril ſuivant.

Trois choſes à obſerver pour bien greffer.

On veut, par exemple, greffer du poirier ſur coignaſſier : il y a trois choſes à mettre en pratique ſans leſquelles les greffes ne peuvent pas réüſſir.

1°. Il faut que le ſujet que l'on veut greffer ſoit en pleine ſéve, il en eſt plus capable de recevoir l'écuſſon : car s'il n'avoit point de ſéve, ou qu'il n'en eût qu'une tres-médiocre à cauſe de la trop grande chaleur, il faudroit differer à greffer aprés une pluye, qui fera monter inmanquablement la ſéve : c'eſt une expérience tres-ſeure.

2°. Il faut prendre un temps, qui ſoit beau, & doux : car il n'y a rien de ſi contraire à la greffe

qu'un temps de pluye, parce que
l'écuſſon ne s'y attache point, &
que la pluye détourne ſon action
en ce qu'entrant dans l'ouverture elle empêche la greffe de ſe
coler à l'arbre.

3°. Il faut prendre deſſus le
Poirier des premiers jets de l'année, dont les yeux ſoient bien
formez, & des plus enflez;il n'en
eſt pas de même du peſcher ſur
amandier, car il faut que les rameaux que vous coupez ſur le
peſcher ayent des yeux qui
ſoient doubles, autrement ils ne
ſont point bons à greffer.

LE CURIEUX.

Il me vient en penſée de vous
demander ſi les rameaux qui
ſont pour avoir des greffes pris
ſur les poiriers, ſont bons en toute ſorte de ſituation,c'eſt-à dire,

auffi - bien ceux qui font venus,
de côté, ou panchez, que ceux
qui font venus droits.

LE JARDINIER SOLIT.

La pouffe des greffes fera telle qu'aura efté la fituation de rameaux fur les ar-bres.

Lors qu'on a befoin de rameaux de poiriers, il faut couper
ceux qui font droits, & non ceux
qui font de côté, ou panchez,
la raifon eft que la greffe aura la
même fituation qu'elle avoit fur
l'arbre duquel elle aura été prife.

Par exemple, pour greffer
vous avez coupé un rameau qui
eftoit droit ; la pouffe de chaque
écuffon qu'on aura levé de ce
rameau donnera un jet qui fera
droit. Il n'en fera pas de même
de la pouffe d'un écuffon qui aura été levé d'une branche qui
étoit de cofté, ou panchée : car la
pouffe fera de cofté ou panchée.
Au refte fi vous ne pouvez en

avoir d'autres que de panchées,
pour lors il ne faudra pas manquer de ficher en terre un bâton
au pied du sauvageon pour soû-
tenir le jet de la greffe afin qu'il
devienne droit avec le temps.

Remarquez aussi qu'il faut
prendre la greffe sur un arbre qui
charge beaucoup, & d'une branche à fruit ; ou tout au moins il
faut, que l'arbre soit vigoureux,
& qui ne soit point languissant.

LE CURIEUX.

Ce que vous venez d'observer sur la coupe des greffes est
bien particulier, & c'est ce que
plusieurs Jardiniers ne sçavent
point. Parlons à present de la
manière de lever l'écusson, &
de faire l'incision au sauvageon,
qu'on veut greffer pour y introduire l'écusson.

LE JARDINIER SOLIT.

On léve l'écuſſon en deux maniéres.

Premiére
maniére de
lever un
écuſſon.

La premiére, qui eſt la plus
ordinaire, ſe fait en levant l'é-
corce avec ſon œil ſans toucher
au bois.

Deuxiéme
maniére de
lever un
écuſſon.

La ſeconde, en prenant avec
l'écorce tant ſoit peu de bois :
l'une & l'autre ſont également
bonnes, même pour les peſchers
quoy qu'en diſent pluſieurs Jardiniers qui croyent que le bois eſt
nuiſible à l'œil du peſcher que
l'on greffe.

Figure d'un
écuſſon.

L'écuſſon doit avoir la figure
d'un V : étant détaché de ſon ſujet avec le germe, & le dedans
étant bien net & reluiſant, on le
portera à ſa bouche ; l'on fera
pour lors l'inciſion au ſauvageon
avec le greffoy à l'endroit le plus

uni dudit sauvageon, à trois ou quatre pouces au dessus de terre. Cette incision se fera à travers du sauvageon de la longueur d'un grain d'avoine : ensuite l'on en fera une autre d'un bon pouce ou environ de longueur, ce qui fera la figure d'un T, il faut que la main du Jardinier soit adroite, afin qu'en faisant cette incision, il ne coupe que la seule écorce du sauvageon, sans enfoncer dans le bois ; car le bois étant un peu égratigné il seroit en danger de ne pas reprendre.

Comment l'on doit faire l'incision pour introduire l'écusson.

Figure de l'incision.

Ces deux incisions étant faites, vous l'ouvrirez avec le coin du manche du Greffoy, & léverez peu à peu l'écorce de part & d'autre, au dessous de la ligne traversante du T : ensuite vous prendrez de la main gauche l'é-

Figure de l'incision pour greffer en écuſſon.

cuſſon, qui eſt à vôtre bouche, &
& de la main droite vous intro-
duirez avec le coin du manche
du greffoy vôtre écuſſon entre le
bois & l'écorce, juſqu'à ce que la
tête de l'écuſſon joigne la ligne
qui traverſe le haut du T. L'écuſſon poſé vous le lierez avec de la
filaſſe; & ſi c'eſt un Amandier,
vous lierez l'écuſſon avec de la
laine; parce que la laine s'allon-
geant elle étrangle moins la
branche où doit monter la ſéve.

Temps au-quel on cou-te les Aman-diers quand ils ſont gref-fez.

    Lors que la greffe aura pouſſé
au mois d'Avril, on coupera l'A-
mandier à quatre doigts ou environ pour y attacher la greffe
avec un peu de paille, ou afin
que la greffe ſe maintienne droite, & qu'elle ſoit garentie des
grands vents.

LE CURIEUX.

Je conçois bien la greffe en écuſſon : obligez - moy de me parler de la greffe en fente, de ſon utilité, & du temps auquel elle ſe fait.

LE JARDINIER SOLIT.

La greffe en fente ſe fait en Janvier, Février, & Mars, elle peut relever le manquement de celle de l'écuſſon, qui ſe fait dans le mois de Juillet, Aouſt, & Septembre, ainſi que je vous l'ay fait remarquer.

De la greffe en fen e & de ſon utili- té.

Dans cet intervalle de temps, il eſt aiſé de juger ſi l'écuſſon eſt bien englué, ou pour ainſi dire, colé au ſauvageon ; car il arrive quelquefois qu'il ne l'eſt pas aprés toutes les précautions que l'on a apportées, ſoit par la faute du Jardinier, ſoit par celle du ſauvageon, ou bien de l'écuſſon mal levé. Quoy qu'il en ſoit, il faut pour lors avoir recours à la greffe en fente ; ſi toutefois le ſujet eſt de la groſſeur, qu'il doit avoir pour cette greffe.

LE CURIEUX.

Quelle groſſeur doit avoir le ſauvageon pour être greffé en fente.

LE JARDINIER SOLIT.

Groſſeur que doit avoir un ſauvageon pour eſtre greffé en fente.

Il faut que le ſauvageon ſoit de la groſſeur du pouce. Si non, il faudra differer juſqu'au temps de la greffe en écuſſon de la mê-me année.

LE CURIEUX.

Apprenez-moy, je vous prie, la maniére dont la greffe en fente doit

'doit eftre taillée, pour eftre mife
en œuvre.

Le Jardinier Solit.

Je commencerai par les outils neceffaires pour y bien réüffir. Il faut avoir une bonne
ferpette, un greffoy, une fcie,
un couteau, deux coins de fer,
l'un petit pour les jeunes arbres, & l'autre plus gros ; un
maillet de bois, ou de boüis,
de la terre franche pêtrie & mêlée avec du foin, de l'ofier fendu, afin que quand la greffe fera
dans la fente du fauvageon, on
puiffe lier les greffes au tour du
fauvageon, & enfuite faire une
poupée à chaque arbre greffé.

*Des outils
néceffaires
pour greffer
en fente.*

Ayant devant vous tous les
outils dont je viens de vous parler, vous commencerez à fcier
le fauvageon à la hauteur de

*Méthode
pour bien
greffer en
fente.*

O

six pouces au deſſus de la terre, à l'endroit où l'écorce eſt
la plus unie : ſi ce ſauvageon ne
peut ſervir que pour une greffe, on le coupera en talus &
s'il eſt d'une groſſeur ſuffiſante
pour y planter deux greffes, il
doit eſtre ſcié le plus uni que
l'on pourra ; il eſt abſolument
néceſſaire de paſſer la ſerpette
deſſus le trait de la ſcie, car la
greffe ne pourra jamais ſe joindre au tronc, s'il n'eſt bien ra-
fraîchi & poli avec la ſerpette : enſuite l'on prendra le rameau dont on veut faire la greffe, on le taillera avec le greffoy en la partie d'en bas en forme de coin, d'un pouce & demy de longueur ; & au deſſus de
l'entaille il faut qu'il y ait au
moins trois ou quatre bons yeux ;
il faut laiſſer audit coin autant

d'écorce d'un coſté que d'autre.

Il eſt à remarquer qu'il arrive quelquefois que la greffe manque ; parce que l'on a oſté trop de bois pour former le coin. C'eſt pourquoy il eſt mieux de ne retrancher que tres-peu de bois de chaque coſté à l'endroit, ou la greffe doit joindre le plat du ſauvageon. Ainſi l'entaille étant égale, on prendra le couteau & on en poſera le tranchant ſur le plat du tronc, enſorte que la fente ſoit faite à l'endroit du plus uni de l'écorce du ſauvageon ou du tronc ; il faut légérement fraper du maillet ſur le dos du couteau & en donnant pluſieurs petits coups faire la fente : puis aprés en avoir tiré le couteau, prendre le coin de fer pour faire ouvrir la fente autant que la greffe le demandera, & appor-

Précaution à prendre tres-utile pour la greffe en fente.

Méthode pour bien faire la fente du ſujet qu'on veut greffer.

O ij

ter toute l'attention néceſſaire pour mettre la greffe dans la fente du ſauvageon ou du tronc, de maniére que la féve du ſauvageon & de la greffe ſe rencontrent juſte, & ſe joignent parfaitement, tant par les deux coſtez du coin, que par les deux entailles qui appuyent ſur le tronc. Il eſt à remarquer qu'avant que d'introduire la greffe dans la fente du ſauvageon ou du tronc, elle doit avoir eſté trempée environ deux heures dans l'eau, elle en reprendra mieux.

Maniére de bien introduire la greffe dans la fente.

LE CURIEUX.

Il me vient en penſée de vous dire à ce ſujet, que j'ay vû greffer le Jardinier de M.... qui ne prenoit point d'autre précaution, quand il mettoit ſes greffes dans la fente d'un gros tronc,

que de les mettre à fleur de l'é-
corce du tronc, fans examiner fi
ces greffes dans la fente arri-
voient jufte à l'endroit où le féve
de l'un & de l'autre devoit fe
joindre. A vous dire vray, je ne
fçay point fi ces greffes ont bien
réüffi.

LE JARDINIER SOLIT.

Si vous aviez eu la connoiffance de la greffe en fente, vous au-
riez jugé fur le champ que ce
Jardinier n'étoit pas habile. Il
n'eft pas le feul qui s'imagine de
bien faire une greffe en fente en
la mettant à fleur de l'écorce
d'un gros tronc : plufieurs avec
luy fe perfuadent qu'il en faut
ufer à l'égard de ces troncs comme l'on fait à l'égard des jeunes
fauvageons, qui n'ont pas l'écorce plus épaiffe, que celle de la
greffe d'une année, mais ils fe

Le peu de
fçavoir de
quelques
Jardiniers
fur la greffe
en fente.

O iij

trompent en ce qu'ils ne font point attention, que l'écorce du gros tronc, étant plus épaisse que celle de la greffe de l'année, elle doit par consequent estre mise à fleur de l'écorce du tronc, à l'endroit où la séve de l'un & de l'autre passe, ainsi que je vous l'ay expliqué.

Précaution à prendre quand on introduit une greffe dans un gros tronc.

Si vous me demandez ce qu'il faut faire ensuite ? Je vous répondray que vôtre sujet étant greffé, il faut mettre un peu de mousse dans la fente pour que l'eau n'y puisse pas entrer, puis lier le tronc avec un brin d'ozier afin de serrer les greffes ; & prendre ensuite de la terre franche mêlée avec du foin délié, & la mettre dessus tout le tronc en forme de poupée. Voila en quoy consiste la greffe en fente.

Ce qu'il faut

Avant que de finir ce traité,

je vous diray que pour greffer les
vieux troncs, les greffes doivent
eftre d'un bois de deux féves,
lequel doit eftre droit, pour les
raifons que je vous ay dit ; que le
coin de ces greffes doit eftre fait
de telle façon que tout le vieux
bois foit dans la fente ; & que
l'entaille qui appuye fur le plat
du tronc fe trouve être du bois
de la féve derniére & la plus
droite : l'on fe fert de ces fortes de greffes pour les plus gros
troncs, à caufe qu'elles ont, fuivant le fentiment d'un auteur,
plus de fimpatie avec le vieux
bois ; mais cela ne réüffiroit point
fur un jeune fauvageon, fuivant
l'expérience que j'en ay.

*obferver
quand on
greffe un
vieux tronc.*

LE CURIEUX.

Voila une remarque que j'eftime beaucoup ; il me refte à vous

demander vôtre fentiment touchant la greffe en couronne, &
le temps auquel on la doit faire.

LE JARDINIER SOLIT.

De la greffe en couronne & de la ma. niére dont elle se fait.

La methode de greffer en couronne fe peut pratiquer fur les
plus gros arbres, auffi bien que
fur les moyens : cette maniere
de greffe fe fait entre le bois &
l'écorce en forme de couronne, & fe fait ordinairement à la
fin d'Avril & au mois de May
quand les arbres font en pleine
féve. L'on fcie le corps, ou la
branche d'un arbre ; on paffe la
ferpette deffus le trait de la fcie,
de même que pour la fente, enfuite on prend une greffe de la
longueur d'un pouce & demy
ou environ, pareille à celle dont
on fe fert pour la fente, cette
greffe ne doit être taillée que

Temps au-quel on fait la greffe en couronne.

Méthode de tailler la greffe.

d'un cofté. Sur le haut de l'entaille il faut qu'il y ait quatre ou
cinq yeux & plûtoft cinq que
quatre. Vôtre greffe étant ainfi
taillée, vous faites vôtre incifion
avec la pointe d'un couteau à
l'endroit où voulez la placer,
qui eft entre le bois & l'écorce,
& cet endroit doit eftre le plus
uni, & le moins noüeux. L'incifion étant faite, vous faites avec
un petit coin de bois fait exprés, l'ouverture entre le bois,
& l'écorce du tronc, & en même-temps vous introduifez la
greffe dans cette ouverture : par
ce moyen l'on peut arranger plu.
fieurs greffes de trois pouces &
demy, ou environ, de diftance
l'une de l'autre, au tour du fujet. On fe fervira d'ozier pour
affeurer les greffes ; il faut couvrir enfuite le plat du tronc avec

*Methode
d'introduire
la greffe en
couronne
dans l'ou-
verture ; &
ce qu'il faut
faire enfuite.*

O v

de la terre franche mêlée de foin délié en forme de poupée comme une greffe en fente.

LE CURIEUX.

Cette greffe est tres-bien imaginée: Laquelle estimez-vous le plus de la greffe en fente, ou de celle en couronne?

LE JARDINIER SOLIT.

La greffe en couronne est préférable à celle de la fente pour les Poiriers & les Pommiers,

Depuis que j'ay experimenté la greffe en couronne sur un nombre considerable de vieux arbres, & sur de jeunes sauvageons, je la trouve plus aisée, & plus avantageuse que la greffe en fente. Pour trois raisons.

La greffe en couronne est facile à faire.

1. La greffe en couronne est tres-facile à introduire entre le bois & l'écorce dans le sujet qu'on veut greffer; il n'en est pas de même de la greffe en fente; .

il faut obferver de mettre la greffe jufte au paffage de la féve, cela eft effentiel.

2. La greffe en couronne ne fatigue point un vieux tronc ni de groffes branches, & encore moins les jeunes fauvageons qu'on veut greffer. La greffe en fente au contraire les fatigue beaucoup, il faut une incifion violente pour y mettre la greffe; ce qui fait que dans les terres légéres la greffe en fente ne réüffit pas fi bien fur les vieux troncs que dans les terres franches.

Un vieux tronc d'arbre n'eft point fatigué de la greffe en couronne.

3. Cette greffe en couronne pouffe bien plus vigoureufement que celle qui eft faite en fente, en forte qu'en trois ans elle forme d'un vieux tronc d'arbre un beau buiffon; je fçai par experience que ces arbres ont donné

Les effets de la greffe en couronne.

O vj

du fruit dans la deuxiéme année.
j'ay dit d'un vieux tronc d'arbre;
car à l'égard des jeunes fauvageons un jet de deux ans eſt auſſi fort, qu'un jet en écuſſon, ou
en fente de trois ans ; c'eſt ce
qui me fait préferer la greffe en
couronne à celle qui ſe fait en
fente pour les Poiriers & les
Pommiers : car pour les autres
eſpéces de fruits, je n'ay point
l'expérience de la couronne, c'eſt
pourquoy je me ſers de l'écuſſon
ou de la fente ſelon la groſſeur
du ſujet, que j'ay à greffer.

Je finis ce traité des greffes
par une obſervation conſidéra-
ble.

Plus un arbre à greffer eſt gros,
& plus les greffes doivent être
fortes : la raiſon eſt qu'elles re-
pouſſent beaucoup mieux, &
plus vigoureuſement que des

greffes qui feroient foibles. Cel-
les-cy ne réüfliflant pas toûjours
fur les vieux troncs d'arbres;
c'eft pourquoy il les faut conferver pour les appliquer fur de
jeunes fauvageons.

Le Curieux.

Vôtre explication des trois
greffes me fatisfait fort.

Mais l'on m'a dit ces jours
paffez que vous fçaviez le fecret
de tranfplanter les arbres fans
motte, quoiqu'ils ayent plus de
vingt ans; que vous ne coupez
aucunes racines, ni branches, &
& que de tels arbres tranfplantez portent du fruit dés la premiere année. Je vous avoüe que
cela me paroît fingulier. Vous
me ferez plaifir de m'en apprendre la maniére.

CHAPITRE XIII.

Methode de transplanter les arbres sans motte, soit buisson, soit espalier, soit à haute tige.

LE JARDINIER SOLIT.

Ce qu'il faut faire pour transplanter un arbre sans motte, quand même il auroit plus de vingt ans.

IL y a plus de douze ans que j'ay fait pour la prémiére fois l'expérience suivante, & elle m'a toujours réüssi, tant pour les arbres que pour les fruits. L'Auteur du Livre *de la Culture parfaite* a trouvé ma méthode si singuliére, qu'il l'a expliquée dans son Livre de la même maniére que je luy ay dit. Je suppose donc que vous ayez un arbre en buisson ou en espalier, & que vous vous vouliez l'ôter du lieu où il est planté, pour le mettre ailleurs. La premiére chose qu'il

faut faire, c'eſt de faire un trou
de ſix pieds en quarré & de trois
pieds de profondeur, dans l'endroit où vous voulez que vôtre
arbre ſoit tranſplanté. Si dans ce
trou il y avoit eu un Poirier , &
que l'arbre que vous voulez y
mettre ſoit auſſi un Poirier ; il *Obſervation*
faudra pour lors changer de ter- *à mettre en*
re : car elle doit être regardée *pratique.*
comme uſée pour un Poirier :
mais ſi vous y voulez planter une
autre eſpéce de fruit, comme,
par exemple , un Pomier , un
Abricotier, ou un Prunier, il ne
faut point changer la terre ; parce qu'elle doit être conſiderée
comme neuve à leur égard.

Aprés cette obſervation, vous *Cequ'ilfaut*
ferez remplir le trou de terre à *faire afinque*
les racines
moitié, ou environ, & vous ferez *d'un arbre*
arracher vôtre arbre en faiſant *qu'on tranſ-*
plante ne
faire un grand cerne tout au *ſoient point*

endomma-
gées.

tour, en forte que toutes les racines foient à découvert, afin
qu'on les puiffe avoir dans leur
entier s'il eft poffible, fans être
endommagées. Vôtre arbre é-
tant bien arraché, vous le ferez
porter dans le trou préparé, &
vous le mettrez de maniére que
la greffe foit à trois pouces au
deffus de la fuperficie de la terre:
aprés quoy vous étendrez bien
les racines de part & d'autre en
la maniére qu'elles étoient; vous

Nouvelle
methode de
mettre la
terre fur les
racines d'un
arbre qu'on
a tranfplan-
té.

mettrez avec la main de la terre
deffus chaque racine en pefant
fur cette terre avec la main; &
quand toutes les racines en feront ainfi couvertes, vous vous
fervirez de la befche pour achever de remplir le trou.

LE CURIEUX.

Permettez-moy de vous demander pourquoy vous mettez de la terre avec la main deſſus les racines ; car j'ay vû quelquefois planter des arbres, & je n'ay jamais vû qu'on ait obſervé cette methode, on ſe ſervoit ſeulement de la beſche.

LE JARDINIER SOLIT.

Un habile Jardinier qui plante un arbre avec attention ne met jamais de la terre ſur les racines avec la beſche : il doit prévoir qu'il ne faudroit qu'une motte ou deux pour cauſer un vuide entre les racines de l'arbre, ce qui empêcheroit qu'elles ne ſe liaſſent avec la terre, & ainſi l'arbre périroit, il met toujours la terre avec la main, ainſi que je l'ay dit. Et en effet pourquoy voit-on tres-ſouvent de jeunes arbres nouvellement plan-

Précaution que doit prendre un habile Jardinier pour planter utilement.

Raiſon pourquoy il arrive ſouvent qu'un arbre nouvellement planté ne réüſſit point.

tez ne faire que languir ? C'eſt parce qu'ils ne peuvent pas ſe lier comme il faut avec la terre, faute d'avoir uſé de cette précaution, ſans laquelle de vingt arbres tranſplantez , je ne voudrois pas répondre d'un ſeul ; & avec laquelle , d'un cent je répondray de quatre - vingt - dix-neuf. Tant il eſt vray que je ſuis ſeur de mon expérience.

On eſt ſeur de réüſſir à tranſplanter un arbre ſi l'on ſuit cette methode.

LE CURIEUX.

Cette expérience que vous avez eſt une leçon pour moy , & pour pluſieurs qui n'en ont pas la pratique. Continuez je vous prie de me dire ſi quand l'arbre eſt tranſplanté , & que le trou eſt rempli , il n'y a point encore quelque choſe à faire.

LE JARDINIER SOLIT.

Il faut enfuite faire mettre du fumier deffus la terre de la largeur du quarré, d'un bon demi pied d'épais, & luy donner trois ou quatre arrofoirs d'eau deffus le fumier. On fuppofe que le temps ne foit pas difpofé à la gelée ; car pour lors il faudroit differer jufqu'à ce qu'il fût favorable. Au Printemps il faut donner encore un pareil arrofement pour exciter la féve à monter & à faire pouffer l'arbre : on doit s'attendre que la prémiére année cet arbre ne pouffera pas fi vigoureufement que celcy qui n'a point été tranfplanté ; c'eft pourquoy l'on aura foin dans les grandes féchereffes de l'efté de l'arrofer, & même par deffus les branches. Cette obfervation doit

Il faut mettre du fumier deffus la terre au pied d'un arbre nouvellement tranfplanté & l'arrofer de temps à autre.

Raifon pourquoy il faut arrofer les arbres nouvellement tranfplantez.

être mife en pratique pour les buiffons & pour les arbres en efpalier, &c.

LE CURIEUX.

Vous ne dites point qu'il faille mettre du fumier mêlé avec la terre; cependant le Jardinier de M... quand il plante des arbres, ne manque pas d'en mettre.

LE JARDINIER SOLIT.

Ce n'eft pas une régle générale de mettre du fumier mêlé avec la terre à tous les arbres qu'on plante, & qu'on tranfplante: pour l'ordinaire on ne le doit faire que pour des terres légéres; par exemple, fi la terre neuve dont vous voulez vous fervir pour remplir le trou où vous faites planter vôtre arbre, eft une ter-

re légére, pour lors je confens
qu'on mêle du fumier avec la
terre ; mais il faut fçavoir le préparer pour cet ufage. Je n'ay
guéres vû de Jardiniers le mettre en œuvre comme on doit
faire en pareille occafion.

Dans les teres légéres on peut y méler du fumier quand on transplante un arbre.

LE CURIEUX.

Apparemment vous en fça-
vez la préparation, vous me ferez plaifir de me l'apprendre.

LE JARDINIER SOLIT.

Pour employer le fumier avec
la terre afin d'y planter un arbre,
il faut en avoir de bien pourri,
le faire hacher avec la fourche
de fer, en forte qu'il foit reduit
à peu prés comme le terreau (car
celuy des couches n'eft pas propre à cet ufage) & en faire mettre quatre bonnes hôtées avec la

Manière de préparer le fumier pour être mélé a-vec la terre.

De la quan-tité de fu-mier qu'il

faut mêler avec la terre d'un trou de six pieds en quarré & de trois pieds de profondeur.

terre, qui doit remplir le trou; je recommande que le mêlange se fasse sur le bord du trou, & non dedans, comme font beaucoup de Jardiniers, qui par consequent ne mêlent qu'à moitié ce qui n'est pas si bien.

Dans les bonnes qualitez de tere il ne faut point de fumier mêlé avec la terre pour y planter un arbre.

Que si l'on avoit une terre de la qualité de celle de vôtre jardin, qui est noirâtre, sablonneuse, grasse, meuble, qui n'est ni forte ni légére: ou si c'étoit de ces terres fortes, & franches, rougeâtres, qui par consequent ont plus de corps qu'une terre légére; pour lors il seroit inutile d'y mêler du fumier, elle n'en auroit aucun besoin; il faudroit néanmoins toujours en faire mettre dessus la terre au pied de l'arbre pour les raisons que je vous ay dites ailleurs.

Voyez ce que j'ay dit cy-dessus à la page 163.

LE CURIEUX.

Ce que vous venez de me dire me paroît de bon ſens ; mais
comme il peut arriver, que j'auray occaſion de me ſervir de vôtre méthode, j'ay beſoin de ſç᠎a-
voir le temps auquel il faut tranſplanter les arbres, comme auſſi
la maniére dont il les faut tailler.

LE JARDINIER SOLIT.

L'on tranſplante les arbres
pendant les mois de Novembre, *Le temps de*
Decembre & Janvier, & même *tranſplanter*
dans le mois de Février ; mais il *les arbres.*
eſt toujours plus ſeur de le faire
dans le mois de Novembre, par-
ceque pour lors les racines ont
plus de temps pour ſe lier avec
la terre, ce qui eſt une préparation pour mieux pouſſer au Printems.

Il faut tou-
jours plan-
ter par un
beau temps
pour que les
arbres réuf-
fiſſent.

Il faut prendre une belle journée pour planter, & éviter un
temps de pluye ; car elle empêcheroit de bien manier la terre.

La maniére de tailler un arbre
transplanté n'eſt pas différente
de celle dont on taille les autres
qui ne ſont point gourmands

De la taille
des arbres
tranſplan-
tez.

en bois. Et quand même l'arbre
que vous avez tranſplanté ſeroit
gourmand en bois, comme ſeroit
une Virgouleuſe, vous le pour-
riez tailler à trois ou quatre yeux,
comme on fait ordinairement
les arbres des autres eſpéces de
fruits.

LE CURIEUX.

Obligez - moy de me dire la
raiſon pourquoy vous ne faites
point de différence pour la taille
entre un arbre tranſplanté qui
eſt gourmand en bois, & entre

tre celui qui ne l'eſt pas, comme
ſeroit l'Ambrette ; vû que vous
m'avez enſeigné dans le traité de
la taille, que tout arbre qui eſt
gourmand en bois doit être taillé long, & que ceux qui ne le
ſont point doivent être taillez
court.

LE JARDINIER SOLIT.

Il faut conſiderer comme je
vous l'ay dit, qu'un arbre tranſplanté n'a qu'une féve moderée
la prémiére année ; ainſi ſi vous
donniez beaucoup de charge à
cet arbre, c'eſt-à-dire ſi vous le
tailliez long, il ne pouſſeroit que
de petites branches inutiles,
qui le fatigueroient. De plus,
cela empêcheroit les boutons
à fruits de ſe noüer ; ainſi vous
ſeriez privé du fruit qu'il pro-
mettoit cette année ; c'eſt pour-

*Raiſon pour-
quoy l'on
taille court
un arbre
tranſplanté,
quoyqu'il
ſoit gour-
mand en
bois.*

P

quoy il faut abfolument fe fervir de la taille courte, afin d'avoir des branches à bois, & que le bouton à fruit profite.

LE CURIEUX.

Mais fi aprés avoir obfervé cette taille, l'arbre fe trouvoit chargé de beaucoup de fruits, faudroit-il les laiffer.

LE JARDINIER SOLIT.

La trop grande quantité de fruits qu'on laiffe deffus un arbr nouvellement tranfplanté le fait mourir.

Il feroit dangereux pour l'arbre & pour les fruits d'en laiffer beaucoup ; car cela feroit mourir l'arbre, j'en ay l'expérience. J'avois fait tranfplanter un Pefcher, il chargea environ trente pefches la premiére année : je les avois laiffées fur l'arbre, & quand elles furent groffes comme des œufs de pigeon, l'arbre mourut du foir au lendemain ; je refolus

alors de ne laiſſer qu'une petite
quantité de fruits ſur un arbre
pour la prémiére année que je
l'aurois tranſplanté ; je l'ay fait ,
le ſuccés m'a eſté favorable, j'ay
eu du fruit qui eſt parfaitement
bien venu à maturité, & l'arbre
s'eſt fort bien porté.

LE CURIEUX.

Cela mérite d'eſtre remarqué.
Mais comme je ne veux rien laiſſer échapper pour m'inſtruire ,
permettez - moy de vous faire
cette demande. Si l'on avoit des
arbres à haute tige gros comme
la jambe à tranſplanter, en faudroit-il uſer de même que pour
les arbres en buiſſon ?

LE JARDINIER SOLIT.

Ouy : j'en ay fait l'expérience *L'on tranſ-*
ſur des arbres encore plus gros *plante les*
arbres à

P ij

que vous ne me dites. Ils ont parfaitement bien réuſſi. A la verité il y en a eu peu qui m'ayent donné du fruit la premiére année ; mais quand on voit un arbre de cette groſſeur qui a repris, cela fait toûjours plaiſir. Au reſte il y a une obſervation à faire ; c'eſt qu'avant que de faire arracher vôtre arbre à haute tige, il faut faire couper les bouts des branches, & toutes celles qui ſont

Obſervation à mettre en pratique pour les arbres à haute tige. mal placées, afin que la tête de l'arbre ait une figure plus agréable, & que les boutons à fruit profitent mieux, car comme je vous l'ay dit en parlant des arbres en buiſſon, ces arbres tranſplantez n'ont qu'une ſéve moderée la premiére année, ce qui fait qu'ils ne pouſſent que peu en bois auſſi bien que les buiſſons.

LE CURIEUX.

Vous me répondez si juste, que vous m'obligez à vous demander si les ceps de raisins, ou de verjus de dix ou douze ans se peuvent transplanter de la même maniére que vous me l'avez appris pour les autres arbres ?

LE JARDINIER SOLIT.

Oüy, & il n'y a point d'autre methode à observer. J'en ay l'expérience. Ces ceps néanmoins ne m'ont point donné de fruit la premiére année.

L'on transplante les ceps de vigne comme les arbres.

Vous pouvez même planter des Ormes d'une moyenne grosseur, & d'autres arbres en espalier, quand ils auroient quinze ou vingt ans : ils réussiront de même que les arbres en buisson.

Les Ormes se transplantent de même que les arbres fruitiers.

LE CURIEUX.

Me voilà bien inftruit de la maniére de tranfplanter les arbres : je. me flatte que je ne le feray pas moins par vôtre fecours, touchant leurs maladies & les remédes dont ils ont befoin, comme vous me l'avez promis dans le traité de la *Taille des arbres*.

CHAPITRE XIV.

De la maladie des arbres.

LE JARDINIER SOLIT.

La maladie des arbres provient de plufieurs caufes. Premiere caufe, les terres humides & froides

LA maladie des arbres provient de plufieurs caufes.

Le fond de la terre en eft une : quand il eft froid & humide, il eft prefque impoffible qu'un arbre y puiffe réüffir. La preuve eft

convainquante, c'est la chaleur *sont contrai-*
qui anime les arbres pour la vé- *res aux ar-*
gétation ; cette terre en étant *pourquoy.* *bres : raison*
privée par son humidité & par
sa froidure, l'arbre ne peut prendre aucune nourriture qui luy
convienne ; il faut donc par nécessité qu'il périsse ; c'est pourquoy dans le commencement de
ma premiére Partie, je vous ay
fait remarquer la nécessité qu'il
y a de faire un potager fruitier
dans une terre de bonne qualité,
pour n'avoir pas le chagrin de
voir périr les arbres qu'on y aura plantez.

LE CURIEUX.

Je ne suis point surpris que les
arbres ne réüssissent pas dans un
mauvais terrein ; mais je suis
quelquefois étonné qu'un arbre
ait bien poussé pendant plusieurs

années, & que l'année d'ensuite
il soit languissant, n'ayant fait
aucune pousse ; je voudrois en
sçavoir la cause, & le reméde
qu'il faut apporter pour luy
donner une nouvelle vigueur.

Le Jardinier Solit.

Se onde cause, racines gâtées.

Quand cela arrive, il faut
fouiller au pied de l'arbre jusqu'aux racines ; voir si elles ne
font point gâtées de pourriture,
pour avoir esté plantées trop a-
vant. Que si après les avoir bien
considerées, elles se trouvent
avoir toutes les qualitez requi-

Troisiéme cause, la ma-die d'un arbre peut venir d'une terre usée.

ses à de bonnes racines, on
doit juger pour lors que la maladie de cet arbre provient sans
doute de ce que la terre en est
usée, & qu'elle n'a plus les qualitez nécessaires pour la végétation. C'est pourquoy l'on ne

doit point hefiter de faire mettre de la terre neuve à la place
de celle qui eft ufée, & enfuite faire mettre au pied de l'arbre
fur cette terre deux bonnes hô- *Il faut con-*
tées de fumier de vache fi la *noiftre la*
qualité de la
qualité de cette terre eft chau- *terre pour y*
de ; ou de cheval fi elle eft froi- *mettre le fu-*
mier qui luy
de. Et quand le temps de la tail- *convient.*
le viendra il faudra la faire fur le *Maniére de*
tailler un
vieux bois : par ce moyen il fe- *arbre qui eft*
ra une belle pouffe. Si aprés avoir *languiffant,*
fait tout ce que je viens de vous
dire, cet arbre demeure dans fon
inaction ; l'on peut compter de
le faire arracher en Automne,
comme étant gâté dans l'inte-
rieur de fes racines ou de fa tige.
Je l'ay fouvent remarqué en de
femblables occafions.

LE CURIEUX.

Si un arbre n'étoit languiffant
P v

que d'un côté, & que de l'autre il fût vigoureux, comme cela arrive quelquefois, de quelle maniére le faudroit-il gouverner pour luy faire pousser de bonnes branches à bois du côté qu'il est languissant ?

LE CURIEUX.

Reméde pour rétablir un arbre languissant d'un côté, & vigoureux de l'autre.

En cette occasion il faudroit aller à la cause, c'est-à-dire déchausser l'arbre tout autour jusqu'aux racines afin de voir si du côté que l'arbre est languissant il n'y a point quelques racines gâtées : alors il faudroit couper jusqu'au vif, & du côté vigoureux il faudroit retrancher une des grosses racines ; par ce moyen la séve ne sera pas si abondante, ni l'arbre si vigoureux à pousser.

Ces deux operations étant fai-

tes, on mettra de la terre neuve
deſſus les racines, quand même
elles ne ſe trouveroient point
gâtées du côté que l'arbre eſt
malade : car en pareil cas la langueur de cet arbre ne procéde-
roit que de la terre qui ſeroit
uſée ; on ajoûtera enſuite deux
ou trois hôtées de fumier deſſus
cette terre neuve.

Quan on taillera cet arbre
l'on obſervera deux differentes
maniéres.

1°. Le côté qui eſt vigoureux
ſera taillé long. Il faudra laiſſer
toutes les branches à fruit &
même toutes les brindilles, pour
amuſer la ſéve, afin que les branches à bois ne pouſſent pas ſi vigoureuſement.

2°. La taille du côté languiſſant doit être faite fort court,
avec la précaution de couper

toutes les branches inutiles, & il faut même laisser peu de branches à fruit, afin que l'arbre ait plus de vigueur pour pousser de bonnes branches à bois, ce qui donnera la belle figure à vôtre arbre ; ainsi que l'expérience me l'a fait connoître.

LE CURIEUX.

Faut il faire la même chose aux arbres qui poussent raisonnablement¹, mais dont les feüilles jaunissent ?

LE JARDINIER SOLIT.

Suite du même sujet pour les feüilles qui jaunissent.

Oüy, Car cette maladie provient de la même cause : le fumier réduit à peu prés comme le terreau meslé avec de la terre neuve, ainsi que je vous l'ay expliqué dans le dernier Chapitre, fera un bon effet dans les terres

légéres. Je me fuis fervi en pareille occafion de cendres de feu
& de la fuie de cheminée que
j'ay fait mettre aux racines, je
m'en fuis bien trouvé : par ce
moyen les feüilles de l'arbre ont
repris leur verdure comme les
autres?

Il ne faut pas découvrir les racines entiérement en y mettant la cendre ou la fuie de cheminée pour faire reprendre la verdure aux feüilles des arbres, qui font jaunes.

Le Curieux.

Le fumier de pigeon ne fe-
roit-il pas bon à cet ufage?

Le Jardinier Solit.

Il ne le feroit pas dans les terres légéres qui font chaudes;
mais il le feroit dans les terres
franches qui font plus froides
que chaudes: je fuppofe que ce
fumier ait été deux ou trois ans
en tas pour y éteindre fa plus
grande chaleur; pour lors il fera
tres-utile dans une terre froide

Le fumier de pigeon eft contraire dans les terres chaudes, mais il eft utile dans les terres franches qui font plus froides que chaudes.

& humide, en le répandant environ un pouce d'épais deſſus la terre au pied de l'arbre qui a les feüilles jaunes ; & le laiſſant ainſi juſqu'au mois de Mars, pour l'enterrer enſuite par un bon labour.

LE CURIEUX.

Mais ſi l'on n'avoit pas la commodité d'avoir du fumier de pigeon, quel reméde faudroit-il faire à cet arbre ?

LE JARDINIER SOLIT.

Il faudroit luy changer de terre ; mais il ne ſeroit pas néceſſaire de faire ce mélange avec du fumier & de la terre neuve, comme je vous l'ay fait obſerver pour les terres légéres ; par la raiſon que ces terres franches ont plus de corps, je veux dire plus de ſel que les terres légéres. Il faut enfuite faire mettre deux ou trois hôtées de fumier de cheval à moitié pourri fur la terre au pied de l'arbre.

LE CURIEUX.

Je vous prie de me dire fi les vers peuvent rendre les arbres malades.

LE JARDINIER SOLIT.

Cela arrive fouvent. Par exemple il y a de certains vers qu'on appelle *Mans* ou *Turcs* ; en Poitou ils fe nomment *Hane-tons* ; ces vers demeurent deux ou trois ans en terre pour s'y for-mer, ils groffiffent jufqu'à ce qu'ils deviennent Hanetons vo-lants, aprés quoy ils s'accou-plent & font du couvain qui fe répand, dont il fe forme de

La maladie des arbres peut venir de quelques vers qui ron-gent les ra-cines & qui font mourir les arbres.

Vers appel-lez Mans ou Turcs.

nouveaux vers blancs qui s'enfoncent dans la terre & y grosfisſent : ces ſortes de vers rongent, s'attachent aux racines des jeunes arbres qui ſont tendres, & les font perir, auſſi bien que les légumes. Je ne ſçay point d'autre reméde contre ces inſectes, que de leur faire la guerre au pied des arbres pour les tüer, & de labourer ſouvent pour les aneantir : heureux ceux qui n'en ſont point attaquez.

Maniere de ſe garentir des vers qu'on nomme Mans *ou* Turcs.

Les arbres ſont incommodez d'une eſpéce de gros vers appellez *Taons,* qui naiſſent du fumier. Ils rongent les racines des arbres, les font languir, & mourir. Il faut foüiller au pied de l'arbre, les tüer & y mettre de la terre neuve, quand on voit que l'arbre peut en réchapper.

Les Taons *ſont de gros Vers qui cauſent la mort aux arbres quand ils en ſont attaquez. Reméde qu'il faut apporter afin de les exterminer.*

Les *Liſettes* ſont funeſtes aux

Des petites beſtes qu'on appelle Liſettes.

arbres, ce font de petites bêtes noires, qu'on appelle autrement, *Coupe-bourgeon,* elles font mourir les greffes des Pefchers lors qu'elles commencent à pouffer. Je ne l'ay que trop éprouvé, particuliérement par rapport aux Pefchers à haute tige ; car j'en ay perdu par là un tres grand nombre. Le meilleur reméde pour s'en garentir eft d'emmaillotter les greffes avec de petits facs de papier liez de fil : par ce moyen j'en ay préfervé beaucoup, auffi bien que des gelées qui arrivent au Printemps, fur tout depuis que les faifons font fi déréglées. Ce que j viens de dire doit s'entendre des Pefchers nains auffi bien que de ceux à haute tige.

Reméde pour fe garentir des Lifettes.

Les *mulots* & les *rats* font perir les Figuiers, ils rongent leurs racines.

Les Mulots *& les* Rats *font dangereux pour les* Figuiers.

Reméde con-tre les Mu-lots & les Rats.

Pour s'en garentir, il faut met-tre au pied des Figuiers des pie-ges, c'est le véritable reméde.

Les Tigres gâtent entie-rement les Poiriers en espalier. C'est un mal sans reméde.

Les *Tigres* infectent seule-ment les poiriers en espalier, & jamais les arbres en buisson. Plu-sieurs curieux se sont étudiez à les exterminer : mais toute leur étude a esté inutile, ainsi c'est un mal sans reméde : ces insectes s'attachent au feüilles des ar-bres de Bon - chrétien d'hyver plus qu'aux autres, quoyque les autres sortes de poiriers n'en soient pas pour cela exempts.

L'incommo-dité du Ti-gre n'est pas un mal qui soit dans tous les Jardins.

Il y a des endroits où l'on n'en est pas incommodé; mais en d'au-tres ils désolent, & font languir tout un espalier de Poiriers, en sorte que tres - souvent on est obligé de les faire arracher pour y mettre une autre espéce de fruit.

Les *fourmis* font le même mal aux arbres en efpalier. Le remède ordinaire eft d'y mettre des bouteilles à moitié pleines d'eau & de miel bien meflez l'un avec l'autre, & d'en frotter un peu les goulots pour les y attirer ; quand elles en font pleines, il faut les vuider & en mettre d'autres.

Je me fuis avifé de mettre une terrine au pied de l'arbre & de l'eau dedans meflée avec du miel, c'eft le moyen d'exterminer les fourmis & d'en garentir l'arbre, pourvû qu'elles viennent du bas de l'arbre ; car fi elles viennent du haut du mur, il faut avoir recours aux bouteilles.

Les Pefchers, Abricotiers, & Pruniers font fujets à un mal confiderable ; c'eft la gomme ; elle eft leur ennemie mortelle.

Quand elle empêche la féve de paſſer : je n'y vois point de remé-de, particuliérement ſi elle eſt autour de la greffe.

Ce qu'il faut faire quand les branches d'un arbre ſont atta-quées de gomme.

Mais quand le venin n'eſt qu'à côté d'une branche, il faut ôter la gomme juſqu'au vif de la bran-che ; mettre de la bouze de va-che deſſus la playe, & la bien em-mailloter d'un linge lié avec une ficelle.

Les roux vents gâtent beaucoup les arbres.

Les roux vents d'un printems froid broüiſſent & fatiguent ter-riblement les arbres, particulié-rement les peſchers, ils font re-coquiller leurs feüilles, de ſorte que ce mal les fait languir ſans eſperance de reméde, ſur tout quand les fourmis & les chenil-les vertes ſe logent dans les feüil-les.

Le chancre eſt un mal conſiderable

Les arbres ſont encore ſujets à avoir des chancres. Le reméde

eſt de les ôter juſqu'au vif, & *aux arbres.*
pour y parvenir il faut en uſer *Le reméde*
de même que je vous l'ay dit *qu'on doit y*
apporter.
pour la gomme.

La mouſſe gâte auſſi l'écorce *Methode*
des arbres: le reméde eſt de les *d'émouſſer*
les arbres.
émouſſer de temps à autre en
Automne, par un tems de pluye,
avec des couteaux de bois, ou
avec des broſſes faites exprés
pour cet uſage.

LE CURIEUX.

Me voila bien inſtruit ſur la
cauſe de la maladie des arbres.
Obligez-moi de me dire, quels
ſont les animaux qui gâtent, &
mangent les plus beaux fruits ſur
les arbres, & les remédes que
vous apportez pour les en garentir.

LE JARDINIER SOLIT.

Maniére de faire noyer les Mulots *qui mangent les fruits des espaliers.*

Les *Mulots* font comme des petites fouris, ils gâtent beaucoup les fruits; le reméde pour les en empêcher eft facile. Il faut mettre au pied de l'arbre une de ces cloches de verre qui fervent aux couches, ou bien un autre vaifleau femblable, & y mettre de l'eau à moitié; le Mulot vient ordinairement la nuit pour monter au treillage, mais comme la cloche, ou la terrine eft à fleur de la terre, il ne manque jamais de tomber dans l'eau, & il fe noye. J'en ay trouvé une fois dans une cloche une douzaine qui s'étoient noyez pendant une feule nuit.

Maniére d'attraper les Laires *qui mangent les fruits des fpaliers.*

Les *Laires* font un grand degât aux fruits, particuliérement aux pefches & aux abricots : il

faut abſolument leur faire la
guerre. Pour y réüſſir je fais mettre de grandes ſouriſſiéres dans
leſquelles il y a un morceau de
lard un peu grillé au lumignon
de la chandelle, ce qui le fait
ſentir de loin : le Laire vient
pour le manger, & il ſe trouve
pris ; j'en ay pris pluſieurs avec
cette amorce, & avec des quatre de chiffre.

Les *Perce-oreilles* & les *Li-*
mas mangent les beaux fruits
deſſus les arbres, mais pour peu
qu'on ſe rende ſoigneux de leur
faire la guerre, ils n'en gâtent
pas beaucoup ; il eſt facile de les
avoir le ſoir ou le matin.

Il eſt aiſé d'exterminer les Limas qui mangent les fruits auſſi-bien que les Perce oreilles.

Pour ſe défaire des Perce-oreilles, il faut avoir des cornes de
belier dont l'odeur les attire en
dedans : quand ils ſont une fois,
ils ne peuvent plus en ſortir : ain-

La maniére d'exterminer les Perce-oreilles.

si tous les jours l'on n'a qu'à vuider la corne. Par cette amorce vous garentirez vos pesches, vos abricots, & vos figues de ces petits insectes, qui piquent les fruits, & les gâtent.

Le Curieux.

Il ne me reste plus qu'à vous demander en quoy consiste le travail que doit faire un Jardinier chaque mois de l'année. Je vous prie de ne me point renvoyer au livre de M. de la Quintinie, je sçay qu'il en a parlé ; mais ce que vous m'en direz me suffira.

CHAP.

CHAPITRE **XV.**

***En** quoy confiste le travail que doit faire un Jardinier chaque mois de l'année.*

LE JARDINIER SOLIT.

POur vous satisfaire je commenceray par le mois de Janvier. Si l'on n'a pas commencé dans le mois de Decembre à tailler les arbres, c'est dans celuy - cy le veritable temps de le faire à l'égard des buissons, j'en excepte pourtant les poiriers qui sont gourmands en bois & les Peschers.

Temps de tailler les arbres.

Si l'on a des arbres foibles, & languissans, c'est la saison de changer la terre, & d'en faire apporter de neuve, en cas qu'il n'y ait point de gelée contraire;

Changer de terre aux arbres qui en ont besoin.

Q

afin que les arbres reprennent une nouvelle vigueur au Printemps.

Planter les arbres. y faire mettre du fumier dessus la terre.

Si l'on a encore des arbres à planter, on fera faire des trous (supposé qu'on ne les eût pas fa t le mois précedent) de six pieds en quarré, & de trois pieds de profondeur pour les y planter, & l'on fera mettre du fumier par dessus la terre au pied de chaque arbre nouvellement

Page 163. planté, ainsi que je l'ay dit ailleurs.

Travailler aux treillages.

Ce temps est commode pour travailler aux treillages des espaliers, parce que cet ouvrage ne fatigue point les arbres, comme il arriveroit si l'on differoit à le faire au Printemps, qui est le temps de leur pousse.

Si l'on a quelque opération à faire aux vieux arbres, comme

par exemple, leur couper quelque racine, pour leur faire porter du fruit (ainſi qu'il a eſté dit ailleurs) c'eſt alors le veritable tems. Mais il ſera encore mieux de le faire dans les mois de Novembre & de Decembre.

Faire l'operation de couper les racines aux vieux arbres pour leur faire porter du fruit. Page 231.

Si vous eſtes curieux comme pluſieurs autres, d'avoir des nouveautez, vous obſerverez ſi vôter Jardinier a fait des couches pour y ſemer des graines de laituë crépe pour les ſalades, & des raves pour en avoir des premiers. Les cloches de verre lui ſeront d'un grand ſecours pour les laituës pommées, les concombres, & les melons.

Travailler pour avoir des nouveautez de légumes ſur couches.

L'on ne manquera pas de réchauffer de tems à autre les couches.

Réchauffer les couches.

Dans ce meſme mois de Janvier l'on peut faire des couches

Couches de Champignons.

Q ij

de champignons : voyez cy devant la maniere de faire ces couches.

Travailler à faire des paillassons, & à raccommoder les caisses, ou en faire des neuves.

Le Jardinier s'occupera à faire des paillassons pour couvrir certaine qualité de plant sur les couches : il peut aussi dans les temps incommodes, qui ne permettent pas de travailler au jardin, racommoder les caisses, ou bien en faire pour les figuiers, & pour servir à quelqu'autre usage.

Emousser les arbres, ce travail est tres-utile.

Si l'on n'a pas émoussé les arbres, il le faut faire dans ce mois, pourvû que le tems soit humide.

Mettre du fumier sur les planches.

On portera des fumiers sur les planches pour fumer la terre où l'on a dessein de semer les graines potagéres dans leur tems.

Précaution à prendre pour conser-

On mettra des paillassons dessus les pois, si l'on en a semé dans

le mois de Novembre & de De- *ver les pois qui font fe-mez.*
cembre.

On greffe en fente les poiriers, les pommiers, & les pruniers.

Travail du mois de Fevrier.

CE qu'on n'a pû faire dans le mois de Janvier, on le fait dans ce mois cy.

On replante des laituës fur couches en pépiniere fous des cloches, pour en avoir de bonne heure qui foient pommées. *Methode pour avoir des laituës pommées dans la primeur.*

On préfere la laituë crépe à toutes les autres, elles eft plus eftimée pour la primeur.

Si la graine de melon n'a pas efté femée en Janvier, il ne faut pas manquer de le faire en Fé-vrier, comme auffi celles de con-combre & de pourpier verd; non pas le pourpier doré, car il eft *Semer de la graine de m-lo fur les couches.*

Semer furles co ches de la gr ine de concombre

Q iij

& de pour-
pier verd
Temps de
greffer en
fente.

Planter les
arbres dans
les terres lé-
géres.

trop tendre.

On continuë de greffer en fente les poiriers, les pommiers, & les pruniers dans ce mois.

Si l'on a encore des arbres à planter, il ne faut point differer plus tard à le faire si le tems le permet.

Travail du mois de Mars.

Faire de
nouvelles
couches.

ON fait de nouvelles couches pour replanter des concombres, & des melons.

C'est en Fe-
vrier qu'on
plante les
arbres dans
les terres hu-
mides.

Dans les terres humides on plante toutes sortes d'arbres dans ce mois - cy, comme poiriers, pommiers, peschers, abrico-tiers & pruniers

Greffer en
fente.

On greffe encore en fente.

Semer les
graines en
pleine terre.

On séme en pleine terre tou-tes sortes de graines de légumes vers la fin du mois, à l'exception du pourpier doré.

L'on terrotte les planches se-mées, & l'on plante les asperges. *Terroter les planches semées.*

Quoyque l'on ait semé des pois dans le mois de Novembre ou de Decembre, il est bon d'en semer dans ce mois-cy, pour en avoir quand les premiers sont passez. *L'on continuë de semer des pois.*

On ne plantera qu'au com-mencement du mois de May le plant qu'on aura fait venir sur les couches, parce qu'il faut que la terre soit échauffée. *Disposition que doit avoir la terre pour y planter le plant des légumes.*

A la fin du mois l'on commen-ce à donner un peu d'air aux ar-tichaux qui sont couverts de fu-mier. *On commen-ce à décou-vrir un peu les arti-chaux.*

Observez qu'il ne faut point se presser de découvrir les arti-chaux, qu'on ne soit bien sûr qu'il n'y aura plus de gelée.

C'est en ce mois qu'on sévre *Temps au-*

Q iij

quel l'on fé-
vre les mar-
cottes de fi-
guiers.

les marcottes de figuiers qui
font en pleine terre, pour les
mettre dans les caiffes & en fuite
fur les couches. *Voyez le traité
des Figuiers, page 280.*

On taille les pefchers dans ce
mois environ au 15. auffibien que
les abricotiers en efpalier.

*Border les
allées d'her-
bes fines.*

Si l'on a des bordures d'herbes fines à replanter, il ne faut
pas manquer de le faire à la fin
de ce mois : il eft encore temps
au commencement du mois d'A-
vril.

Travail du mois d'Avril.

*Les labours
pour les lé-
gumes.*

LEs ouvrages du jardinage &
principalement les labours pour
les légumes commencent à pref-
fer fans remife.

*Nettoyer les
allées.*

On commence à nettoyer les
allées des jardins.

Semer toutes

On continuë de femer les graines de légumes, comme ozeille, poirée, persil, ciboule, oignon blanc & rouge &c.

On arrose les jeunes arbres plantez dés l'Automne, de mê-me que les greffes en fentes.

On taille les concombres, & les melons, on en séme encore sur couche pour être mis en plei-ne terre.

C'est le temps de planter des fraisiers, & de pincer les vieux montans des pieds plantez.

C'est dans ce mois qu'on oste entierement le fumier qui cou-vroit les artichaux, & qu'on commence à les œilletonner, & à les planter.

Si les arbres sont en séve à la fin ce mois, on greffera en cou-ronne ; sinon on différera au mois suivant.

On pince les greffes en fente

Q v

greffes en fente.

fur poiriers, pommiers, & pruniers.

Labourer les artichaux.

On laboure les artichaux aprés
avoir oſté le fumier qui les cou-
vroit, & on obſerve de faire à
chaque pied un petit baſſin, afin
que quand on les moüille, l'eau
ne ſe répande ni d'un coſté ni
d'autre.

Les peſchers eſtant en fleur,
il faut les couvrir pour les conſerver de la gelée ; ma methode
eſt de me ſervir d'écoſſas de
poix, & de les y laiſſer juſques à
ce que les peſches ſoient groſſes
comme le petit doigt, la même
choſe ſe doit pratiquer pour les
abricotiers & les pruniers qui
ſont en eſpalier.

Travail du mois de May.

UN Jardinier ſoigneux ne dif-
fére plus à faire les ouvrages, qui

n'ont point esté faits en Avril.

On sarcle les planches où l'on a semé les graines, afin qu'elles profitent mieux, & à la fin du mois on éclaircit celles des racines, quand elles sont levées trop druës.

Travail utile pour faire profiter les graines & les racines semées.

Au commencement de ce mois on séme des féves d'haricot, & non pas plûtoft ; parce qu'elles font tendres à la moindre ge'ée, qui arrive souvent dans les mois de Mars, & d'Avril. L'expérience ne me l'a fait que trop connoître.

Raison pourquoy l'on ne séme des haricots que dans le mois de May.

On séme des raves en pleine terre, des graines de laituë-george, la romaine, la royalle, la bellegarde ; & à la fin de ce mois, on séme la perpignane, & la laituë d'allemagne. On continuë d'en semer de ces deux sortes dans le mois de Juin, pour en

Semer en pleine terre des raves, & toutes fortes de graines de laituë.

Q vj

avoir des dernières : elles réüffif-
fent mieux dans les terres franches que dans les terres légéres.

Choux fleur,
& autres
graines po-
tageres.

On féme des choux-fleur fur
les couches.

On féme auffi des choux d'hyver, des choux de milan ; enfin
on féme toutes les graines potagéres qui n'ont point efté femées
au mois de Mars & d'Avril. On
plante encore des cardes de poirée, & des choux pommez.

Pincer les
Pefchers eft
un travail
bien utile.

Le Jardinier foigneux ne doit
jamais manquer à pincer les
branches à bois des Pefchers, au
deffus de cinq ou fix yeux de la
pouffe de la taille de la même année, pour les raifons que je vous
ay dites au Chapitre *du pinfage,*
page, 246.

Tailler les
Pefchers
pour la fe-
conde fois

On taille les branches des Pefchers qui n'ont point donné de
fruit à un œil, & on aura foin d'é-

bourgeonner. Il eſt encore temps
de pincer le maître jet de la greffe en fente, de même que les Peſchers pour les tenir bas, & leur
faire pouſſer de la brindille ; faute de cette petite opération ce
jet s'emporteroit, & conſomme-
roit inutilement la ſéve de tout
l'arbre.

Pincer les greffes qui ont eſté fai-tes en fente : raiſon pour-quoy.

On greffe encore en couronne.
Il faut ſuivre la méthode que
j'ay enſeignée dans le *Traité des greffes.*

Tems de greffer en couronne.

Il faut faire une revûë des
abricotiers qui ont trop de fruit,
& en ôter pour confire, afin que
ceux qu'on laiſſera ſur les arbres
deviennent plus gros.

Raiſon pour-quoy l'on oſte des abricots quand les arbres en ſont trop chargez.

Au commencement de ce mois
on fait ſortir les figuiers de la
ſerre pour les mettre à quelque
bon abry, on les taille de la maniere dont je l'ay dit dans le *Trai-*

Faire ſortir les figuiers de la ſerre.

té des *Figuiers*, & on leur donne enfuite une bonne moüillure.

Un Jardinier foigneux doit avoir foin de ne point fouffrir aucunes branches de Pefchers, de Poiriers, ni d'autres efpeces, derriére les échalas des efpaliers, elles feroient embarraffantes quand on viendroit à tailler les arbres.

Travail du mois de Juin.

SI l'on n'a pas ébourgeonné dans le mois de May, il ne faut pas differer plus tard à le faire.

Il faut palisser les pefchers, & en même-temps en ofter les pefches qui font de trop, afin que celles qui refteront profitent davantage,

C'eft dans ce mois qu'on doit lier la vigne, & l'ébourgeonner.

On doit faire de frequents arrofements aux Figuiers en caiffe, & aux légumes qui en ont befoin quand il ne vient point de pluye.

figuiers en caiffe.

Ceux qui veulent greffer en écuffon à la pouffe, le doivent faire ordinairement vers la Saint Jean.

Temps auquel on doit greff.r à la pouffe.

On féme des chicorées, & des laituës de genes, & d'autres efpeces, dont j'ay fait mention dans le travail du mois de May.

Semer des chicorées & des laituës.

On féme encore des haricots pour en avoir en Automne.

Semer des haricots pour l'Automne.

On féme des pois pour en avoir de bons en verd durant tout l'efté.

Semer des pois pour en avoir tout l'Efté.

On pince le bout des Figuiers, en ce mois, à fix yeux de la pouffe qu'ils ont faite depuis le Printems, pour les raifons que j'ay dites dans le *Traité des Figuiers.*

Pincer les figuiers, operation utile.

On ofte des fruits de deffus les arbres en buiffon, quand ils en

Il faut ôter les fruits de

dessus les arbres en buisson quand il y en a trop.

sont trop chargez , pour faire profiter ceux qu'on y laisse,& afin qu'ils meurissent mieux.

Tondre les bouys & les palissades.

Si l'on a des bouys, & des palissades ; c'est la vraye saison de les tondre.

Faire des couches de champignons.

Si l'on a des fumiers propres pour des champignons , on peut en faire des couches en la maniere que je l'ay dit ailleurs.

Recüeillir la graine de scorsonére.

On aura soin de recüeillir la graine de scorsonére; cela se doit faire le matin dés que la rosée est passée.

Travail du mois de Juillet.

Pois verds pour le mois d'Octobre.

ON séme encore des pois pour en avoir en verd au mois d'Octobre.

Haricots verds pour l'automne.

On séme des haricots pour en manger en verd en Automne.

Chicorées

On séme des chicorées pour

en avoir en Automne, & en hy- *d'automne*
ver. *& d'hiver.*

On fait une revûë aux Pef- *Soin necef-*
chers au commencement de ce *faire du Jar-*
dinier pour
mois, pour oster les pouſſes qui *les peſchers*
ſont inutiles. *en eſpalier.*

On ſéme des épinards en pe- *Epinards*
tite quantité ; parce qu'ils ſont *pour en avoir*
dans la nou-
ſujets à monter. Si neanmois le *veauté.*
Jardinier eſt ſoigneux de les ar-
roſer, ils ne laiſſent pas de venir
en état d'eſtre cüeillis ſans eſtre
montez.

On ſéme des choux de Milan; *Choux de*
Milan
on continuë d'arroſer les figuiers *On arroſe les*
en caiſſe, & les legumes, ſans diſ- *figuiers en*
caiſſe.
continuer. On enfüit les con-
On cultive
combres, qui ſont en pleine ter- *les concom-*
re. *bre en pleine*
terre.
On greffe les Pruniers en écuf- *On greffe les*
ſon dés le commencement de ce *Pruniers.*
mois.

On greffe les coignaſſiers à la *On greffe les*

mi-Juillet depuis que les faifons font déréglées ; autrefois on ne greffoit qu'aprés la mi-Aouft.

On commence à découvrir les fruits en efpalier, pour qu'ils prennent couleur, particulierement les pefchers.

Travail du mois d'Aouft.

C'Eft le temps de recüeillir les graines de laituës. Le Jardinier qui eft curieux de fes graines, doit mettre chaque efpéce de graines à part.

On recüeille aufli la graine de ciboule, d'oignon, de poireau, & il faut la laiffer dans fa coque jufqu'à ce qu'on en ait befoin pour la femer ; & pour lors on la frotte pour l'en faire fortir. J'ay coûtume de la faire fortir de fa coque dans un mortier avec le pilon fans qu'il s'en écrafe un grain, cette methode eft d'une grande expédition ; on vanne enfuite cette graine, afin qu'elle foit plus nette.

On replante des chicorées ; on lie celles qui font replantées du mois de Juillet ; il faut faire enforte que le lien d'en haut ne foit pas fi ferré, afin que le milieu ne créve pas.

Cultiver les chicorées.

Raifon pourquoy l'on ne ferre pas la chicorée par en haut.

On découvre entierement les fruits. Cecy eft contre le fentiment de quelques Jardiniers qui ne veulent les decouvrir que huit ou dix jours avant leur parfaite maturité : mais l'expérience que j'ay du contraire me les fait découvrir plus d'un mois auparavant, & j'ay toujours de belles & groffes Pefches, & de belles Poires qui prennent couleur, comme le Bon-chrétien d'hyver, la

On découvre les fruits un mois avant que de les cueillir.

Virgouleufe, le Colmart &c. En effet il est constant qu'un fruit qui aura esté perfectionné par la chaleur du soleil, & qui n'aura point esté à l'ombre des feüilles de son arbre, sera toujours de meilleur goust, & d'une couleur plus vive, qu'un autre. La raison est que son suc aura esté mieux digeré, & son humidité superfluë, évaporée par la chaleur du soleil.

C'est la chaleur du soleil qui perfectionne les fruits. Raison pourquoy.

On visite les espaliers de Peschers, pour voir s'ils sont abondans en séve, & s'ils n'ont point besoin d'estre palissez.

Il est nécessaire de visiter les espaliers.

On visite aussi les treillages de verjus & de raisins, si on ne l'a pas fait au mois de Juillet.

C'est en ce mois que l'on séme de la graine de choux pommez; & quand ils sont en état, on les met en pépiniere. Un Jardinier

Précaution à prendre pour avoir des choux pommez des premiers.

qui fçait fon mêtier ne manque pas de les mettre à quelque bon abry pour les conferver pendant l'Hyver, & les pouvoir planter au Printems.

On féme des raves pour en avoir en Automne. *Raves d'automne.*

On féme du cerfeüil pour en avoir en Hiver & au Printems. *Cerfeüil pour l'hyver & le printems.*

Vers la mi-Aouft on commence à greffer les amandiers plantez au Printems, & non pas ceux qui font plantez de l'année derniére : car ils font encore abondants en féve. *Tems auquel on greffe les amandiers.*

On continuë d'arrofer tout ce qui en a befoin, comme chicorées, laituës, raves, & autres légumes. *Les arrofemens font utiles dans cette faifon.*

On coupe les vieux montans des artichaux dont on a ofté la pomme comme étant inutile. *Façon à faire aux artichaux.*

On continuë de femer des épi- *Semer des épinards.*

nards, & on les arrofe fouvent quand ils font levez.

C'eſt dans ce mois que les pois ſont ſecs. On recücille les pois, qu'on a laiſſez fécher pour la proviſion d'une maiſon.

Tems auquel on preſſure le verjus. C'eſt en ce mois-cy, ou au commencement de Septembre qu'on cüeille le verjus pour le preſſurer.

Méthode pour faire profiter l'oignon en terre. Quand on voit que l'oignon ne profite plus en terre, à cauſe de ſes feuilles, il faut rouler un tonneau deſſus, pour briſer les montans, & afin de le faire profiter.

On plante de la ciboule pour le Carême. On commence à la mi-Aouſt à planter de la ciboule, pour le Carême, ou pour la laiſſer monter en graine.

Il eſt abſolument néceſſaire de faire les labours, & les ratiſſages. Le Jardinier qui eſt curieux de ſon jardin, ne manque point dans ce mois de faire des labours pour la troiſiéme fois au platte-ban-

des, & aux efpaliers ; & des ratiſſages dans les ſentiers des planches. Ce travail eſt tres-utile
pour les raiſons que j'ay dites
dans la ſeconde Partie.

On ne doit point manquer de *Choux*
planter des choux blancs d'hy- *blancs d'hy-*
ver. *ver.*

On commence aprés la No- *On ſéme de*
tre-Dame de ſemer de la graine *la graine*
d'oignon blanc, pour en avoir *d'oignon*
l'année ſuivante au mois de *blanc pour*
May ; mais il n'en faut pas ſemer *en avoir*
grande quantité, de crainte qu'ils *dans la pri-*
ne montent. *meur.*

Travail du mois de Septembre.

E N ce mois on greffe les a- *Tems au-*
mandiers à haute tige ; leur ſéve *quel on gref-*
n'eſt pas ſi abondante qu'elle l'eſt *fe les Aman-*
au mois d'Aouſt, c'eſt pourquoy *diers à hau-*
le Jardinier y doit faire atten- *te tige, rai-*
ſon pour-
quoy on le

fait dans ce mois. tion ; car s'ils avoient trop de féve, elle noyeroit les yeux des écussons.

Suite du même sujet. Quand les greffes des Amandiers nains ont manqué l'année précédente, & qu'on les a réchapez au Printems, on greffe le nouveau jet en ce mois-cy.

Cultiver les choux fleurs & le celery. On commence à lier les choux-fleurs & le celery. On ne doit pas manquer à les buter pour les faire blanchir, & il faut couper les bouts d'en haut, pour que le pied profite davantage.

Methode pour conserver les oignons pendant l'hyver. C'est dans ce mois qu'on ôte de terre les oignons pour les faire sécher, ou les aouster, si on ne l'a pas fait à la fin du mois d'Aoust.

Ce qu'il faut faire pour que les racines des légumes profitent en terre. On ne manque point de fouler aux pieds les feuilles des racines, comme betteraves, paners, & carottes, pour les bien faire profiter.　　　　　　On

On commence d'empailler les cardons d'Espagne pour les faire blanchir. Pour empêcher que les grands vents ne les rompent, je conseille de les bien buter de terre.

Méthode pour faire blanchir les cardons d'Espagne.

On continuë a lier avec de la paille les choux fleurs qui commencent à pommer.

Continuer à lier les chouxfleurs.

On séme au commencement de ce mois de la graine d'oignons blancs, pour en avoir aprés ceux qui ont esté semez au mois d'Aoust.

Semer de la graine d'oignons pour la seconde fois.

L'on plante encore de la chicorée, pour en avoir l'hyver.

Chicorée pour l'Hyver.

On séme des épinards pour en avoir aprés Pasques.

Epinards.

Travail du mois d'Octobre.

ON commence à défaire les couches, & l'on met le terreau à part, comme aussi le fumier pour-

Il faut défaire les couches & conserver de ter-

R

reau pour
terrauter les
plan hes.

ri, pour eſtre mis dans les planches où l'on veut ſemer des graines, ou pour le plant qu'on y doit mettre au Printems.

Diſpoſer la
terre pour un
plant d'arbres.

Ceux qui ont des plants d'arbres à faire, doivent commencer à faire foüiller la terre (je veux dire celle qui n'eſt pas froide & humide) en la maniére que je l'ay expliqué.

C'eſt dans ce
mois qu'on
viſite les arbres d'un
jardin, & s'il
y en a de
morts l'on
diſpoſe la
terre pour en
planter
d'autres.

Dans les jardins dont les terres ſont chaudes, & légéres, on doit viſiter les arbres ; ſi l'on voit qu'il y en ait de morts, il faut faire des trous de ſix pieds en quarré : cela s'entend pour les vieux arbres ; car ſi c'eſt un jeune arbre mort, dont la terre auroit eſté déja fouillée, il ſeroit inutile de faire un ſi grand trou ; trois ou quatre pieds en quarré, & deux pieds de profondeur ſuffiroient. Ce travail ſera très utile en ce mois ; car les pluyes & les grandes rofées qui font fréquentes, ne ferviront pas peu à difpofer la terre.

Il n'en eft pas de même des terres humides & froides, à l'égard defquelles il faut differer cet ouvrage à la fin de Février.

A la fin de ce mois on met dans la ferre les figuiers qui font en caiffe, les lauriers , & tous les arbriffeaux, qui craignent la gelée.

On plante des jeunes fraifiers en bordure, ou en planche, pour en avoir du fruit l'année fuivante.

On plante auffi les bordures de bouys. Pour les bordures d'herbes fines, je croy qu'elles reprennent plus feurement, quand elles font plantées à la fin du mois de Mars, où les gelées font ordinairement paffées. Cette pratique m'a toûjours réüffi.

Dans les terres humides & froides les arbres ne doivent eftre plantez qu'à la fin de Février.

Temps de mettre les figuiers & autres arbriffeaux dans la ferre.

Tems auquel on plante les fraifiers.

Il eft plus feur de planter les herbes fines en Mars , que dans ce mois à caufe des gelées.

R ij

Travail du mois de Novembre.

Temps au-quel on doit labourer les arbres.

LEs labours d'hyver fe font dans ce mois fans differer. J'ay donné la methode de les faire felon la qualité de la terre.

Tems au-quel on doit planter les arbres dans les terres qui ne font point froides & humides.

Ceux qui ont des arbres à planter dans une terre légére, ou dans une terre franche, qui n'eſt ni chaude ni froide ne doivent point manquer à le faire en ce mois, pour les raiſons que j'ay dites ailleurs. Il ne faut pas non plus manquer à faire porter du fumier, pour eſtre mis à chaque pied d'arbre deſſus la terre ou on les aura plantez.

Il eſt dange-reux de cou-per les n on-tans d'aſper-ges à moins que la grai-ne ne ſoit rouge.

Quand les montans d'aſperges ſont en graine, il ne faut les couper, que lors que cette graine ſera rouge. Si on le faiſoit plûtoſt elles deviendroient avortées, & elles ne feroient plus que de petits jets au Printems.

L'on commence à buter les artichaux dans les terres qui ne sont pas humides ; car si elles l'e-toient, & qu'on les butât, on en feroit pourrir les pieds pendant l'hyver. Il faut à leur égard se contenter de les couvrir de fu-mier sec, ou de feuilles séches. Quand on voit le temps disposé à la gelée, le Jardinier doit estre soigneux de les couvrir à mesure que la gelée augmente.

C'est dans ce mois qu'on fait la recherche aux pieds des ar-bres qui sont languissans, afin d'y apporter le reméde nécessaire ; comme de retailler leurs raci-nes, d'y faire apporter des terres neuves, & d'y faire mettre au pied par dessus la terre, deux ou trois hotées de fumier pourri.

Pour les terres légéres qui n'ont pas tant de corps que les

Temps au-quel on bute les artichaux dans les ter-res qui ne sont point humides.

Raison pour-quoy il ne faut point buter les ar-tichaux dans une terre hu-mide. Pré-caution du Jardinier contre la ge-lée

Temps d'e-xaminer les arbres qui sont mala-des, & le ra-méde qu'on doit y ap-porter.

Méthode pour rétablir

un arbre qui est languiffant, terres franches, il faut faire hacher du fumier avec la fourche de fer pour le reduire à peu prés comme le terreau , & le mefler avec la terre neuve en la maniére que j'ay dit, lors que j'ay traité de la methode de tranfplanter les arbres fans motte.

Temps auquel on doit émouffer les arbres. Ordinairement ce mois eft humide ; & c'eft la vraye faifon de faire émouffer les arbres qui font incommodez de la mouffe.

Difpofition des figuiers pour les garantir de la gelée Le Jardinier foigneux ne manquera pas de difpofer les figuiers en efpalier, & ceux qui font en buiffon en pleine terre pour les garentir de la gelée. Voyez le *traité des Figuiers.*

Maniére de conferver la chicorée. Si la chicorée eft affez forte, on la liera, & on la couvrira de fumier fec, pour la faire blanchir.

Faire des couches de champi- Si on veut avoir des champignons au Printems, on fera dans ce mois-cy une couche. J'ay dit la maniére de la bien faire.

Pour conserver les racines d'hyver ; comme betteraves, carottes, & panais, il faut choisir une belle journée, les faire arracher en motte, & les mettre dans la serre en les plantant l'une auprés de l'autre pour en avoir dans le besoin.

On fait la même chose pour conserver la chicorée. Ce n'est pas qu'on ne puisse la laisser en pleine terre sans estre liée, & la couvrir de fumier sec un peu épais, pour la garantir de la gelée ; mais je la crois mieux dans la serre.

On met les choux fleurs en motte dans la serre. Quand leurs pommes ne seroient pas p'us grosses qu'un œuf de pigeon, elles ne laisseront pas de profiter,

R iiij

& de devenir groſſes, pourveû qu'ils ſoient enterrez à un demy pied de terre dans la ſerre.

C'eſt au commencement de ce mois (ſi on ne l'a pas fait en Octobre) que l'on ſévre les groſ-ſes marcottes de figuiers, auſ-quelles on a fait prendre racine dans des caiſſes, ou dans des ma-nequins : pour eſtre miſes dans la ſerre, & enſuite dans des caiſſes plus grandes au Printems.

On éléve auſſi dans ce mois des petites ſalades ſur couches ; ce qui ne ſe peut faire qu'avec des cloches de verre.

On ſéme des pois à quelque bon abry, pour en avoir des premiers : mais il les faut cou-vrir pendant la gelée.

C'eſt en ce mois qu'on fait l'o-pération aux vieux arbres, de leur couper quelque groſſe raci-

Sevrer les groſſes mar-cottes de fi-guiers pour eſtre miſes dans la ſerre.

Maniére d'élever des petites ſala-des de laituë dans ce mois.

Methode pour avoir des pois verds dans la primeur. Opération pour faire

pour leur faire porter du fruit. *porter du fruit aux vieux arbres qui ne pouffent qu'en bois.*
Cette operation fe peut faire auffi dans les mois de Décembre & de Janvier.

On tranfplante les arbres pendant ce mois, & méme on le peut encore faire en Decembre, Janvier & Février ; mais il eft plus à propos de les tranfplanter en Novembre pour les raifons que j'ay dites. *Tems auquel on doit tranfplanter les arbres fans motte,*

Travail du mois de Décembre.

Tous les ouvrages qui fe font dans le mois de Janvier fe peuvent faire pendant le mois de Decembre : ainfi il eft inutile d'en faire icy mention. Voyez ce que j'en ay dit dans l'article du *Travail du mois de Janvier.* *Les ouvrages du mois de Decembre & ceux du mois de Janvier font les mémes.*

Voila mes obfervations fur la maniére de faire & de cultiver un jardin fruitier & potager.

R v

TABLE

DES CHAPITRES
& des Matiéres contenuës dans
cet Ouvrage.

R v

DES CHAPITRES. *399*

NOUVELLES
REFLEXIONS
SUR
LA CULTURE
DES ARBRES.

BIBLIOTHEQUE ROYALE

NOUVELLES
REFLEXIONS
SUR
LA CULTURE,
DES ARBRES.

LE CURIEUX.

Dites-moy, je vous prie, quelle eſt l'origine de la féve?

LE JARD. SOLIT.

Je me ferai un vrai plaiſir de vous ſatisfaire, & de vous dire ce que je ſçay ſur cette matiére.

ARTICLE I.

De l'origine de la féve.

LA féve vient du fel de la ter-re ; l'expérience m'a appris que ce fel ne produiroit aucun effet, s'il n'étoit diſſous par les humiditez d'en haut, comme font les pluyes & les neiges : car tant que ce fel eſt fortement atta-ché à la terre, & qu'il ne fait avec elle qu'une maſſe comprimée, il eſt incapable d'aucune action, ainſi que je l'ay dit ailleurs. Or par le moyen des pluyes & des neiges, ou par les arroſemens ce fel fe diſſout, & fe mélange avec toutes les parties de la terre ; & ces parties étant ainſi animées & miſes en mouvement, fe diſ-tribüent enſuite, & fe communi-

Page 28.

quent aux racines des arbres qui
en font leur nourriture ; enforte
que cette matiére étant liquéfiée
devient féve par l'action des racines. Voicy l'expérience que
j'en ay faite : J'ay mis dans deux
pots de la terre féche comme de
la cendre, & j'ay femé dans tous
les deux des graines potagéres ;
j'ay arrofé la terre de l'un de
ces pots, & les grains ont bien
levé : au lieu que celles que j'a-
vois mifes dans l'autre dont la
terre n'a point été arrofée, n'ont
point levé du tout. Cela prouve inconteftablement que fans le
fecours des pluyes, ou des arrofemens, le fel de la terre ne produit aucun effet pour la végétation.

LE CURIEUX.

Ce que vous me dites de l'o-

rigine de la féve eft expliqué
tres-clairement; apprenez-moy
je vous prie à prefent, de quelle
maniére les racines des arbres
prennent leur nourriture des
fels de la terre?

ARTICLE II.

Comment les racines prennent leur
nourriture des fels de la terre.

LE JARDINIER SOLIT.

POur vous expliquer ce que
vous defirez fçavoir, il faut
confiderer qu'il y a deux principes dans la production des arbres.

1. L'arbre qui eft planté en
terre, a un premier principe de
vie.

2. La chaleur du Soleil qui
communique à l'arbre fa vertu,

& fans laquelle il ne fçauroit faire aucune production, eſt le ſecond principe.

Je dis donc qu'il y a un princi- *Effets du* pe de vie dans les arbres, & que *premier* c'eſt de ce premier principe *principe.* que les racines tirent & reçoivent leur nourriture des ſels de la terre, qui a été préparée par les pluyes, & par la fonte des neiges.

Je dis en ſecond lieu, que c'eſt *Effets du ſe-* la chaleur du Soleil qui cuit *cond princi-* cette nourriture, enſorte que de *pe.* liquide qu'elle étoit auparavant elle luy donne au bout de quelque tems une qualité de matiére convenable pour produire un arbre tel que nous le voyons, & qui porte par la ſuite, des branches, des boutons, des feüilles, des fleurs, & des fruits.

LE CURIEUX.

Je fouhaiterois fort d'apprendre maintenant de quelle maniére fe forme un arbre dans la terre?

ARTICLE III.

De la maniére dont fe forme un arbre dans la terre.

LE JARDINIER SOLIT.

IL me fera aifé de vous fatisfaire, car il y a tres-long-temps que chaque année j'éléve un nombre confidérable d'arbres par le moyen des amandes que je plante pour m'en fervir enfuite à greffer des Pefchers. Il faut donc que vous fuppofiez avec moy qu'il y a trois principes qui contribuent à former un arbre dans la terre.

Trois principes qui forment l'arbre.

1. Il y a dans l'amande un principe de vie, auſſi - bien que dans les pepins des fruits, & dans les arbres. *Prémier principe.*

2. Les humiditez d'en haut, où les arroſemens diſſolvent les ſels dont la terre eſt en partie compoſée. *Second pri-cipe.*

3. La chaleur du Soleil échauf-fe la terre, & cette terre étant échauffée, elle donne à la féve un mouvement ſuffiſant pour la production. *Troiſième principe.*

Par exemple: Mettez en terre une amande avec ſa coque, dont vous voulez avoir un arbre, je puis vous aſſurer que ſi cette amande eſt bien conditionnée, el-le ne manquera point de s'enfler; il ſe formera un corps ſous la pellicule dés que la terre ſera échauffée par les humiditez qui ſont remplies de ſels; & ce corps

S

nouvellement formé ne pouvant plus être contenu dans la
pellicule à cause de la fubftance
que la terre lui communique
continuellement, la coque s'ou-
vrira, & il en fortira une tige
& des racines. Voilà comment
l'arbre fe forme.

LE CURIEUX.

D'où vient que les racines ne
pouffent qu'aprés la tige ?

LE JARDINIER SOLIT.

En voici la raifon : Ce qu'il y
a de plus fubtil dans la féve,
monte en haut pour former la
tige, & le plus materiel pouffe
en bas pour former les racines.
Ces racines dans leur naiffance
Couleur des font toutes blanches, & tres-
racines dans déliées ; quelque temps aprés
leur naiffan- elles deviennent de couleur de
ce.

caillou ; & enfin trouvant une *Les racines changent de couleur.*
terre convenable, elles s'allon-
gent, en attirant & en recevant
fans ceffe de nouveaux fels, &
de nouvelles humiditez qu'elles
envoyent à la tige ; ce qui aug-
mente l'arbre jufqu'à fon en-
tiére perfection.

LE CURIEUX.

Je fuis tres-fatisfait d'avoir
appris de vous une chofe qui
m'êtoit inconnuë. Je voudrois
bien fçavoir à prefent quelle eft
la raifon pourquoy les arbres fe
dégarniffent de toutes leurs
feüilles en Automne : on diroit ,
à les voir qu'ils font morts, quoy
qu'effectivement ils ne le foient
pas.

❧❧❧

S ij

ARTICLE IV.

Raison pourquoy les arbres font dégarnis de feüilles en Automne.

LE JARDINIER SOLIT.

Etat de la féve privée de la chaleur du Soleil.

C'Eſt la chaleur qui donne le mouvement à la féve des arbres, & qui la fait monter entre le bois & l'écorce : dés que cette féve, qui eſt une ma-tiére liquide (comme je vous l'ay déja expliqué cy-devant) ſe trouve privée de la chaleur du Soleil, & pénétrée par le froid des premiéres geſées, elle s'épaiſſit entre le bois & l'écorce: ainſi à meſure que le froid aug-mente, les feuilles ſe détachent de l'arbre, & il demeure juſqu'-au Printemps dans une eſpéce

Page 405.

de léthargie fans être veritablement mort, comme il le paroît.

LE CURIEUX.

On ne peut pas expliquer plus clairement que vous le faites , la raifon pour laquelle les arbres quittent leurs feüilles en Automne. Il y a pourtant certains Jardiniers qui croient que la féve fe retire dans les racines en Automne, & qu'elle y refte pendant l'hyver ; pourriez-vous me prouver au contraire qu'elle demeure entre le bois & l'écorce, comme vous venez de me le dire ?

LE JARDINIER SOLIT.

Il me fera aifé de vous en convaincre ; vous fçavez déja que c'est la chaleur du Soleil

*Effets de
l'air qui
échauffe la
féve entre le
bois & l'é-
corce, où elle
eſt reſtée.*

qui échauffe l'air à l'entrée du
Printemps ; il eſt conſtant que
l'air étant échauffé par le Soleil, il pénétre entre le bois &
l'écorce des branches, qui eſt
l'endroit où la féve étoit demeurée épaiſſie ; il la fond, la
raréfie, & par conſequent il met
ſon action en mouvement. En
effet, ne voyons - nous pas dés
l'entrée du Printemps, que les
boutons qui ſont aux branches,
commencent à pointer, à s'allonger, & à ſe mouvoir : il y
a même quelques eſpéces de
fruits dont les arbres fleuriſſent
plûtôt que les autres, ce qui
prouve inconteſtablement que
la féve étoit demeurée entre le
bois & l'écorce. L'on me peut
objecter, que c'eſt cette même
chaleur du Soleil à l'entrée du
Printemps qui fait agir la féve

dans les racines, qui la fait monter, & qui donne ce premier mouvement aux boutons des arbres.
Je répons à cela que la chose
n'est pas possible. Par la raison
que les racines étant éloignées
du Soleil, il faut un intervalle de
temps plus considerable, pour
que la terre en puisse être échauffée, & que cette chaleur puisse
pénétrer jusqu'aux racines. Je
conviens pourtant que le Soleil
échauffant ensuite la terre peu
à peu, il met en mouvement
toute la séve des autres parties
de l'arbre, & que cette séve se
communiquant, & s'unissant *Effets de la*
avec celle qui est entre le bois *séve animée*
& l'écorce, forme par une pro- *par la cha-*
duction merveilleuse les bran- *leur de la*
ches, les boutons, les feüilles, les *terre.*
fleurs, & les fruits.

Et afin qu'il ne vous reste aucun doute fur cette matiére, vous pourrez faire l'expérience fuivante.

Expérience qui prouve que la féve refte dans les branches pendant l'hyver. Faites couper en hyver par les deux bouts une branche à bois, ou à fruit de quelque arbre, & mettez la dans le feu, vous verrez fortir la féve par les deux bouts : peut-on douter aprés cela que la féve ne foit reftée pendant l'hyver entre le bois, & l'écorce ? Si j'ay parlé differemment dans la premiére édition de ce Livre, en avançant que la féve fe retire dans les racines, j'avoüe que je l'ay dit fans y avoir fait affez d'attention, & que je me fuis trompé.

LE CURIEUX.

Vôtre raifonnement, & l'ex-périence que vous apportez, me perfuadent que pendant l'hyver la féve demeure dans les branches entre le bois & l'écorce : mais dites-moy, je vous prie, pourquoy il y a de certaines efpéces de fruits dont les arbres fleuriffent plûtôt que d'autres ; car il eft certain que la chaleur du Printemps fe communique également à tous les arbres.

Le Jardinier Solit.

Il eft vray ; mais tous les arbres ne font pas également difpofez à recevoir cette chaleur. L'Amandier, par exemple, fleurit plûtôt que les Poiriers & les Pruniers, &c. La raifon eft, que le fruit de l'Amandier a la propriété d'être chaud, & que l'écorce de fes branches eft plus fine que celle des autres arbres ; ainfi étant plus fufceptible de la chaleur, il fleurit plûtôt que les

Raifon pourquoy certains arbres fleuriffe t plûtôt que d'autres.

S v

arbres dont les fruits font plus chauds que froids, & qui ont l'écorce plus épaiffe.

LE CURIEUX.

Je me fouviens d'avoir lû dans vôtre Livre, que vous aviez fait planter des arbres au Printemps dans des terres légéres, qui étoient plus chaudes que froides, & qu'ils ne firent pas une pouffe pareille à ceux qui avoient efté plantez en Automne. Quelle en peut être la caufe ?

ARTICLE V.

Raison pourquoy les arbres plantez au Printemps dans les terres légéres, ne poussent pas si bien que ceux que l'on plante en Automne.

LE JARDINIER SOLIT.

APrés en avoir cherché la cause avec attention, je l'ay enfin trouvée : c'est qu'en plantant ces arbres au Printemps, j'en fis tailler les racines ; & comme elles étoient pour lors pleines de séve, je retranchay leur nourriture, & j'interrompis l'action de la végétation : ensorte que ces racines ne pouvant plus travailler assez promtement à fournir d'aliment à ces arbres, ils ne poussèrent pas avec autant

S vj

de vigueur que s'ils avoient esté plantez en Automne.

LE CURIEUX.

N'avez vous point fait quelque expérience qui puisse vous aider à prouver que ces racines taillées ayent été la seule cause pour laquelle les arbres plantez au Printemps, n'avoient pas poussé aussi-bien que ceux qui avoient esté plantez en Automne ?

LE JARDINIER SOLIT.

Je fis l'année derniere l'expérience que vous me demandez : je fis planter des arbres dans les mêmes terres pendant le Printemps, & j'observay de n'en point faire tailler les racines ; à cela prés je fis mettre en œuvre tout ce que j'ay recommandé dans mon livre, de pratiquer *Pag.* 328. par rapport aux racines des arbres que l'on veut transplanter; & je puis vous asseurer que ces arbres ont poussé avec la même vigueur, que s'ils avoient esté plantez en Automne.

Le Curieux.

Je tafcheray de profiter de toutes vos inftructions; mais permettez-moy de vous propofer un nouveau doute, lequel je fuis perfuadé que vous n'aurez pas peine à refoudre. Vous avez dit *Pag.* 238. que fi un Pefcher eft dégarni d'un « 239. cofté de branches à bois, & qu'il « n'ait que des branches à fruit; « il faut tailler court les plus grof- « fes branches à fruit, afin qu'en « donnant du fruit elles laiffent « un demy bois pour garnir l'ar- « bre. J'ay obfervé tres-foigneu- «

sement tout ce que vous avez dit là dessus ; cependant le fruit n'a pas tenu à la branche, quoique je l'eusse fait couvrir de paillaffons : voulez - vous bien bien m'en dire la raison ?

ARTICLE VI.

Raison pourquoy les Pesches ne tiennent pas sur une branche à fruit qui a été taillée à demi bois.

LE JARDINIER SOLIT.

IL ne faut pas que vous soyez surpris que le fruit n'ait pas tenu sur une branche taillée à demi bois, en voicy la raison : c'est que la séve s'étant trouvée trop abondante & trop grossiére, elle n'a pas été d'une qualité propre à pénétrer la queuë

de vos pefches pour leur fournir la nourriture convenable ;
& elle a paffé outre pour con-
vertir cette branche à fruit, en
une branche à bois : c'étoit là
fa véritable fonction, & nôtre
taille à demi bois a réuffi fuivant nôtre intention, qui étoit
de garnir le côté de l'arbre qui
étoit vuide.

Le Curieux.

Rien n'eft mieux penfé que
tout ce que vous me dites. Je
trouvay, il y a quelques jours le
Jardinier d'un de mes amis fort
embarraffé, & j'aurois eu grand
befoin pour lors de vôtre fecours pour répondre à la que-
ftion qu'il me fit ; car je vous
avouë que je ne fuis pas encore affez habile pour parler de
mon chef. Ce Jardinier me fit

voir un arbre qui étoit déja un
peu vieux, & dont les branches étoient languiffantes : il
me dit qu'il en avoit vifité les
racines, lefquelles ne s'étoient
trouvées ni gâtées ni pourries;
que le corps de l'arbre n'avoit
aucun chancre, & n'étoit attaqué d'aucun ver; qu'il n'y avoit
que deux ans qu'il avoit mis de
la terre neuve : je remarquay
outre cela que cet arbre étoit
planté à l'abri de tous les mauvais vents; ce bon Jardinier ne
pouvoit pas comprendre pourquoy les branches de cet arbre
étoient fi languiffantes, & je ne
fçûs que luy répondre.

ARTICLE VII.

Raiſon pourquoy les branches d'un vieux arbre ſont quelquefois languiſſantes.

LE JARDINIER SOLIT.

VOicy quelle en eſt la cauſe. Il faut conſiderer qu'un arbre a pluſieurs racines; il en a de groſſes, de moyennes, & de menuës que nous appellons cheveluës. Avant que l'arbre en queſtion fuſt devenu languiſſant, les groſſes racines étoient les meilleures ouvriéres, & elles fourniſſoient plus de ſéve qu'aucunes autres pour la nourriture de l'arbre; mais étant devenuës vieilles, & incapables de fournir la ſéve dont les branches avoient beſoin; il ne faut pas

s'étonner que ces branches fuf-
fent devenuës languiffantes, puif-
qu'elles manquoient d'aliment.
Voicy le reméde dont il faut
ufer pour rétablir de pareils arbres.

Méthode pour rajeu- nir un vieux arbre. Il faut les étefter, c'eft-à-dire
couper toutes les branches, '&
ne les laiffer que de la longueur
d'un pied ou environ, depuis
l'endroit où elles ont pris naiffance du corps de l'arbre; pour
lors il en fortira de nouvelles
branches, & c'eft la véritable
méthode pour les rajeunir.

LE CURIEUX.

Cette méthode me paroit
bonne: mais que deviendra la
féve de cet arbre, en attendant
que ces nouvelles branches commencent à poufter; car je m'i-
magine qu'elles ne poufteront

pas à l'entrée du printemps comme celles des autres arbres, parce que l'écorce en est beaucoup plus épaisse, & par conséquent plus dure à percer.

LE JARDINIER SOLIT.

Il est vray que la séve aura peine au commencement à pouvoir percer l'écorce ; mais je vous ay fait observer que cet arbre a des racines moyennes ; & ce seront celles-là qui donneront de nouvelles branches à la tige, par le moyen de l'opération qu'on luy aura faite en l'étestant pour lui redonner sa premiére vigueur. L'œconomie de la nature est admirable en cela ; je vous prie d'y faire attention. La séve de cet arbre monte vers la tige aussitost que la terre est échauffée ; elle y trouve de

l'obſtacle, parce qu'elle n'eſt pas
aſſez forte ni aſſez abondante
pour percer l'écorce qui eſt é-
paiſſe ,(comme vous l'avez fort
bien remarqué :) & pour lors
les racines moyennes travaillent
dans la terre à ſe groſſir , à
s'allonger, & à ſe fortifier par
la nourriture qu'elles en reti-
rent ; cette nourriture devient
féve , & les racines ſont plus
capables d'agir , qu'elles n'é-
toient auparavant par rapport à
l'abondance de cette féve ; d'ailleurs la chaleur ſe trouve encore
augmentée ; & tous ces avantages concourant enſemble, la féve ne peut plus ſe contenir dans
les racines , elle ſe gonfle, monte au haut de la tige, & perce
l'écorce quoique dure pour en
faire ſortir pluſieurs branches.

Il me ſouvient, à propos de

cela, que je fis, il y a vingt ans étester un arbre qui étoit planté depuis plus de cinquante; cet arbre fut rajeuni par cet opération; il fubfifte encore, & il n'y a guéres d'années qu'il ne donne du fruit. J'avois confeillé une fois à un de mes amis d'en faire autant à un vieux ararbre qu'il avoit dans fon jardin, & dont les branches étoient languiffantes; je ne fçay pourquoy il ne fuivit pas mon confeil; mais il s'en répentit peu de temps après, car fon arbre mourut l'année fuivante, par la même raifon que je vous ay dit, que les groffes racines étoient devenuës incapables de fournir la féve fuffifante pour fa nourriture, & que les moyennes ne puient pas y fuppléer.

LE CURIEUX.

Je conçois bien qu'il eſt avantageux & utile de mettre en
pratique vôtre méthode, afin
de ne point tomber dans le même inconvenient que vôtre ami,
& je feray plus docile que luy ;
car je me ſuis toujours bien trouvé de ſuivre vos avis. Voudriez-
vous bien me dire encore pourquoy les vieux arbres portent
ordinairement plus de fruits,
plus gros, & d'un gouſt plus
excellent que les jeunes ?

ARTICLE VIII.

Raiſon pourquoy les vieux arbres portent des fruits plus gros, plus excellents, & en plus grande quantité que les jeunes arbres.

LE JARDINIER SOLIT.

CE que je vous diray ſur cette matiere n'eſt fondé ſur aucune expérience, & c'eſt un ſimple raiſonnement que je fais pour vous expliquer ma penſée, & pour ſatisfaire à vôtre demande.

Je crois donc que cela vient de ce que les vieux arbres ſont d'une nature mieux diſpoſée pour la production des fleurs & & des fruits : je veux dire que l'écorce des vieux arbres étant

plus dure que celle des jeunes,
la féve s'y trouve plus comprimée, & qu'il monte moins de
matiére pour former beaucoup
de branches à bois; c'eſt pourquoy le plus ſubtil de la féve eſt
uniquement occupé à la production des fleurs & des fruits;
ainſi ces fruits ſont plus gros,
en plus grande quantité, & d'un
gouſt plus délicat que ceux des
jeunes arbres.

Le Curieux.

Rien n'eſt mieux penſé, &
je doute qu'on puiſſe apporter
de raiſon plus poſitive ni plus
convaincante. Quel eſt vôtre
ſentiment ſur les neiges, &
croyez-vous qu'il ſoit à propos
d'en mettre au pied des arbres?

~❧~

ARTICLE

ARTICLE IX.

Si l'on doit mettre de la neige au pied des arbres.

LE JARDINIER SOLIT.

LA neige peut être bonne à mettre au pied des arbres ; mais il faut pour cela connoître son terrein, car il y a de certaines terres, où elle feroit plus de mal que de bien. Par exemple, elle ne convient point dans celles qui font plus humides que féches, & plus froides que chaudes ; parce que pareilles terres n'ont aucun besoin des humiditez de l'hyver, & c'est pour cela qu'en parlant des labours d'Automne, j'ay recommandé de les faire légérement.

La neige n'est pas bonne dans les terres plus froides que chaudes.

Pag. 196.

Il n'en est pas de même des

T

La neige est bonne dans les terres légéres & chaudes.
Pag. 195.

terres légéres qui font chaudes; celles là ont befoin des humiditez de l'hyver; c'eft pourquoy j'ay dit que les labours doivent être profonds, afin que
ces terres foient pénétrées des
neiges, parce qu'elles font pleines d'efprits nitreux qui fe fondant lentement au pied des arbres, augmentent la qualité de
la terre; donnent aux racines
une nourriture plus abondante;
& par confequent plus de vigueur pour la végétation; en
forte qu'au printemps les arbres pouffent d'une maniére qui
fait plaifir à voir. J'ay foin quand
il tombe des neiges de les faire
amaffer pour les mettre aux
pieds des arbres; & je me fuis
toujours bien trouvé de cette
précaution. Je confeille d'en ufer
de même dans les prez; car j'ay

expérimenté par moy-même
que l'herbe pousse plus abon-
damment avec ce secours, &
qu'il ne faut pas le négliger :
il est aisé de faire ramasser ces
neiges dans les allées de vôtre
jardin avec un petit tombereau
à bras, & de les faire mettre
par tas au pied de vos arbres,
aussi bien que dans les prez.

LE CURIEUX.

J'ay remarqué que dans le
Chapitre IV. de vôtre Livre *Page 31.*
vous dites qu'il faut préférer «
l'exposition du Soleil levant à «
toutes les autres, comme étant la «
plus convenable & la plus avan- «
tageuse, pour y faire un espalier «
de Peschers ; & vous ajoutez «
que les pesches y réüssissent en «
perfection. Dans un autre en- «
droit de vôtre même Livre vous «

T ij

Page 38. » dites au contraire que cette
» expofition du Soleil levant eſt
» ſujette au vent de Nord-Eſt ,
» qui eſt un roux vent, & à une
» biſe ſéche, qui brouïſſent les
» feuilles des Peſchers, les reco-
» quillent, & font tomber beau-
» coup de fruits dans le temps
» qu'ils commencent à ſe nouër :
» & que la même choſe arrive
» aux fruits à pepin. Il me paroît
que ce que vous avez avancé
d'abord, ſe détruit par les raiſons que vous ajoûtez enſuite :
En quoy faites - vous donc con -
ſiſter l'avantage de cette expoſition ?

ARTICLE X.

Raison pourquoy l'exposition du Soleil levant est toûjours préférable à toutes les autres pour y faire un espalier, nonobstant les accidens qui peuvent arriver.

LE JARDINIER SOLIT.

IL est vray qu'au Printemps les Pesches & les fruits à pepin sont quelquefois sujets aux accidens que vous m'objectez, & dont je suis convenu. Je l'ay même expérimenté assez souvent : mais j'ay observé aussi que pendant les grandes chaleurs de l'Esté, l'exposition du Soleil levant est préférable à toute autre, parce que pour lors le vent d'Est, ou de Levant souffle agéablement, & qu'il répand une douce vapeur pleine de fels propres à la végétation, lefquels pénétrent les branches des arbres, dont les pores font ouverts ; en forte que les fruits s'en nourriffent , & j'ay remarqué même qu'en cinq ou fix jours ils groffiffent fenfiblement : ainfi l'on fe trouve dedommagé par là des autres accidens qui peuvent arriver. C'eft fans doute la raifon pourquoy les fruits expofez au levant font plus hâtifs que ceux qui font à l'expofition du couchant, comme je vous l'ay dit ailleurs.

Page 35.

LE CURIEUX.

On ne fçauroit être plus fatisfait que je le fuis de vos nouvelles refléxions fur la culture des arbres : vous en parlez folidement , & vos expériences sont trés convainquantes. Permettez moy de vous consulter à l'avenir sur mes doutes ; car vous m'avez mis par vos principes & par vôtre méthode dans le goust de l'agriculture, & j'en feray à l'avenir une de mes plus agréables occupations.

T A B L E
DES ARTICLES

Contenus dans ces nouvelles Réflexions.

Table

BIBLIOTHEQUE ROYALE

I

position du Soleil levant est toûjours préférable à toutes les autres pour y faire un espalier, nonobstant les accidens qui peuvent arriver. 437

FIN.

Approbation.

J'Ay lû par ordre de Monseigneur le Chancelier, un Manuscrit intitulé *Dialogue entre un Curieux & un Jardinier Solitaire, pour faire & cultiver methodiquement un Jardin fruitier & potager, &c.* & je crois qu'il sera utile de le rendre public par l'impression. A Paris ce 6. Decembre 1703. Signé, POUCHARD.

Privilege du Roy.

LOUIS par la grace de Dieu Roy de France & de Navarre : A nos amez & feaux Conseillers les Gens tenans nos Cours de Parlement, Maistres des Requestes ordinaires de nostre Hostel, grand Conseil, Prevost de Paris, Baillifs, Seneschaux, leurs Lieutenans Civils & autres nos Justiciers qu'il appartiendra, Salut. *Jean Anisson*, l'un de nos Imprimeurs ordinaires, & Directeur de nostre Imprimerie Royale, Nous ayant fait exposer qu'il desiroit imprimer un Livre nouveau sous ce titre : *Dialogues entre un Curieux & un Jardinier Solitaire, pour faire & cultiver methodiquement un jardin fruitier & potager, où l'on découvre des experiences nouvelles* ; s'il nous plaisoit luy en accorder nos Lettres de ce Privilege sur ce necessaires. Nous avons permis & permettons par ces présentes, audit Anisson, d'imprimer ou faire imprimer ledit Livre, en telle forme, marge, caractére, & autant de fois que bon luy semblera & de le vendre & faire vendre par tout nostre Royaume, pendant le temps de quatre années consecutives, à compter du jour de la datte desdites presentes : Faisons deffenses à tous Imprimeurs, Libraires & autres personnes de quelque qualité & condition qu'elles soient, d'imprimer, faire imprimer, contrefaire, vendre, ni debiter ledit Livre, sous quelque pretexte que ce puisse estre, mesme d'impreſſion étrangere , ſans le conſentement par écrit dudit expoſant , ou de ſes ayant cauſe , à peine de confiſcation des exemplaires contrefaits , de quinze cens livres d'amende contre chacun des contrevenans, dont un tiers à Nous, un tiers à l'Hoſtel-Dieu de Paris , & l'autre tiers audit Expoſant, & de tous dépens, dommages & intereſts : à la charge que ces Preſentes ſeront enregiſtrées és Regiſtres de la Communauté des Imprimeurs & Libraires de Paris : que l'impreſſion dudit Livre ſera faite dans noſtre Royaume & non ailleurs, & ce en bon papier & en beaux caractéres , conformément aux Reglemens de la Librairie : & qu'avant que de l'expoſer en vente, il en ſera mis deux exemplaires dans noſtre Bibliotheque publique, un dans celle de noſtre Chaſteau du Louvre , & un dans celle de noſtre tres cher & feal Chevalier Chancelier de France le ſieur Phelypeaux Comte de Pontchartrain, Commandeur de nos Ordres, le tout à peine de nullité des preſentes : du contenu deſquelles vous mandons & enjoignons de faire joüir l'Expoſant ou ſes ayant cauſe , pleinement & paiſiblement, ſans ſouffrir qu'il leur ſoit fait aucun trouble ou empeſchement. Voulons que la copie deſdites preſentes qui ſera imprimée au commencement ou à la fin dudit Livre ſoit tenuë pour duëment ſignifiée , & qu'aux copies collationnées par l'un de nos amez & feaux Conſeillers & Secretaires, foy ſoit ajoûtée comme à l'original. Commandons au premier noſtre Huiſ-

fier ou Sergent de faire pour l'éxecution d'i-
celles, tous actes requis & neceffaires, fans demander autre permiffion, & nonobftant cla-
meur de Haro, Charte Normande & Lettres
à ce contraire : Car tel eft noftre plaifir. Donné à Verfailles le douziéme jour de Decembre,
l'an de grace mil fept cens trois, & de noftre
Regne le foixante & uniéme. *Signé*, Par le
Roy en fon Confeil, L E C O M T E, *& fcellé.*

Regiftré fur le Livre de la Communauté des
Imprimeurs & Libraires de Paris, n°. C I I I.
page 131. *conformément aux Réglemens*, *&*
notamment à l'Arreft du Confeil du 13. Aouft
1703. à Paris, ce 23. Janvier 1704. Signé,
P. E M E R Y , Syndic.

Ledit Sieur Aniffon a cedé le Privilege cy-
deffus au Sieur Rigaud, fuivant l'accord fait
entr'eux : & ladite Ceffion a efté regiftrée fur
le Livre de la Communauté des Libraires,
conformément à l'Arreft du Confeil du 13.
Aouft dernier, n° 142. le 17. Mars 1704.
Signé, E M E R Y , Syndic.

Imprimé en France
FROC031719161120
25700FR00016B/516

9 782329 489780